品牌關鍵思維

ALL ABOUT THEM

Grow Your Business by Focusing on Others

讓顧客自我感覺良好，打造雞皮疙瘩時刻

布魯斯·特克爾 Bruce Turkel——著　信任——譯

目錄

Chapter 6

在他人的世界中定位自己 199

Chapter 7

進入他們的心：帶他們從理智轉向情感 233

Chapter 8

「聚焦他人」的核心：認識CC2CC

Chapter 9

走你的路，說你的話 295

推薦序

最偉大的業務員知道，銷售的關鍵是那些你希望引領、影響、推銷的人群。因此，偉大的品牌與行銷的重點，也應該是這群人。

品牌的重點是什麼？這種提問方式有些欠妥，正確的提問方法是，品牌的重點是誰？答案是：品牌的重點是「你想要接觸的人們」，你想要為他們的生活增添特殊價值，你想使他們的生活更美好……當然，是在你的產品幫助之下。

換句話說，品牌的重點就是：消費者！

這就是本書（一本由真正品牌和行銷大師所著的神奇書籍）的基礎與前提。而你，將會從本書中學習到成熟、可預測的、可複製的經典策略來贏得品牌大賽的勝利。

布魯斯・特克爾（Bruce Turkel）是一位品牌天才，他與眾多知名品牌都有合作過，從一百五十四歲的百加得（Bacardi）酒廠到邁阿密市，範圍之廣令人咋舌。他不僅幫助這些品牌吸引大批粉絲，達成行銷目標，還讓他們的利潤大幅增加。

布魯斯出現在眾多網路訪談節目中，談到了從電子商務企業亞馬遜（Amazon）到遊戲供應商Zynga這些大公司，在犯下不尊重消費者的錯誤後，是如何努力恢復自己的品牌聲望。布魯斯稱之為「品牌急救」。

對美國觀眾來說，布魯斯是福斯商業新聞最知名的商業專家，同時也是福斯新聞主播梅麗莎・法蘭西斯（Melissa Francis）和大衛・阿斯曼（David Asman）最喜歡的客座來賓之一，他已經在福斯商業新聞中出現超過三百次！布魯斯的成功不僅在於他出色的工作表現，還在於他知道如何將自己定位成廣受歡迎的專家。忠於自己的信念，他並沒有將重點放在自己身上；他將重點放在「消費者」身上——這裡的「消費者」指的是主持人和觀眾們。

正如你看到的，我們已經不再「控制」我們的品牌。或許我們可以透過做正確的事來對品牌進行管理，但是這無關於我們或者我們的產品。情況可能會非常非常好，也可能非常非常糟。這就是為什麼要將品牌當作藝術和科學對待的原因。幸運的是，我們擁有一名集品牌藝術家與品牌科學家於一身的指導者。

有些人是優秀的從業者，他們的工作表現非常好，但是這並不代表他們能夠很好地傳授他人，就像很多明星運動員卻是糟糕的教練，很多優秀的學者是糟糕的教師一樣。當然，他們的成就應該得到肯定，但實話實說，他們並不具有將知識傳遞給他人的同理心或理解力。

優秀的教師會設法分享訊息，透過實踐和鼓勵來幫助他人真正掌握知識。或許，他們並未達到像他們的「學生」那樣的成就，但是他們的貢獻值得我們稱讚。

此外，還有像作者布魯斯這樣的人。他們非常稀少，他們會在自己原始才能的基礎上，學習學習再學習，實踐實踐再實踐，直到取得卓越成就。這些實幹家的不同之處在於，他們能夠向其他人傳授自己的技能；他們的教導能夠讓他人藉由自己的方式獲得成功。

這就是布魯斯為我們提供的：無論你是剛剛進入商界的新手，還是經驗豐富的行銷人員；無論你是要推出全新產品，還是需要品牌急救，透過本書你都可以掌握成功的要點，內容超乎你的想像。

本書對於人性的理解，將會永遠改變你看待個人品牌和商業品牌的方式，感覺就像看史蒂文．李維特（Steven D. Levitt）撰寫的《蘋果橘子經濟學》（*Freakonomics*）

一樣。

生意中最能展現情感（包括利潤）的一面，是當人們想到你和你的品牌時，會感覺更加幸福美好。一旦你理解書中的理念並讓你的品牌訊息為你工作，那麼它就會自動承擔起最繁重的任務，為你騰出更多時間，讓你專注於為客戶提供更多價值。

閱讀本書並運用其中的智慧與知識，你將能激發他人的這種品牌幸福感受，並獲得事業的成功。我為你感到興奮，因為你即將經歷一段神奇的旅程。

最後，附上我誠摯的問候。

——鮑伯·柏格（Bob Burg）

暢銷書《給予的力量》（*The Go-Giver*）、

《這樣說話，敵人也能變盟友》（*Adversaries into Allies*）作者

前言

好創意的誕生

在二〇〇〇年時，我感覺一切都非常順利。我的廣告和品牌公司經營得非常順利，我們的生意非常賺錢。我本人婚姻美滿，家庭幸福。我的第一本書《大腦飛鏢》（*Brain Dart*；書名暫譯）剛剛出版，而在這本書出版前，我就已經受邀在全美國最負盛名的設計大會上辦簽書會。就像我說的，一切都非常順利。

大會的前一天，我和我的家人住進芝加哥一家旅館。將孩子們安頓好後，我和妻子前去參加開幕晚宴。晚宴在一個巨大的宴會廳舉行，到達時我們受到熱烈的歡迎，就好像歸來的戰爭英雄一樣。贊助方——設計雜誌的負責人衝了過來，護送我們進入大廳最前面的貴賓席，緊挨著施特夫・薩格梅斯特（Steff Sagmeister）。我不知道你是否了解施特夫，他是當年的「it男孩」平面設計師（譯者注：it boy，時尚界對兼具兩性吸引力的男性稱呼）。就像好萊塢一樣，設計產業也有自己的「it」男孩和女孩們。施特夫是一位個子高高、十分英俊的德國人，穿著一身黑。因為是德國人，所以他的英語說得比我好，但他還是保留了一定程度的口音，這讓他魅力倍增。

原來與我一樣，施特夫也剛出版了一本設計書籍，我們將一同進行簽書會。更棒的是：坐我妻子旁的是一家非常注重設計的美國大型公司行銷長（CMO）。如果我說出這家公司的名字，你立刻就會反應過來；它同時是我貪戀很久的潛在客戶之一。我的設想是，當我完成簽書會，見過所有的新粉絲之後，我會抓住機會向這個人推銷我的公司，說不定還能從他的企業那裡獲得一些工作。

哇！生活簡直太美好了。

第二天我起得很早，下樓把一切都安頓好。我估計要簽許多本書，於是買了一盒簽字筆；小心翼翼地將書放整齊，以便我的大批粉絲們拿取。安排好一切之後，我開始在芝加哥的風中晨跑。即使是吹過湖面的寒風也無法減弱我的興奮，我跑得比平時還要快、還要遠。我帶了星巴克的咖啡和烤餅回到飯店給家人，然後洗了個熱水澡，穿好衣服。我六歲的女兒阿里（Ali）要求和我一起去簽書會。

這一天真是太棒了。

電梯門打開，阿里牽著我的手走出來，我們發現一堆人站在展覽中心門外，等著簽書會。阿里抬頭問我，這些人是否都在排隊等著買我的書？我覺得這是一個很好的親子教育時刻，為了聽起來不顯得太自大，我告訴她說，肯定有一些人在為施特夫的書排隊。我牽著女兒的手，越過隊伍進入展覽中心。等待簽書的隊伍蜿蜒經過貿易展覽攤位，一直延伸到簽書台。我們終於走到隊伍的前方，卻尷尬地發現，所有人都在等待施特夫，沒有一個人是在等我。

沒有一個人。

我走到自己的座位坐下，並小心翼翼地不與施特夫隊伍中的人產生目光接觸。阿里忙著用我精心準備的簽字筆畫畫，而我則試圖使用「念力」控制人們來到我的攤位。當我與他人目光接觸時，對方要麼迅速移開眼睛，要麼給我一個「可憐傢伙」的眼神，混雜著羞恥、憐憫和一點點的尷尬。

那時我認為，沒有比這再糟的事情了。但我錯了。

我六歲的女兒決定拯救我。她從桌子底下鑽出去，跑到簽書隊伍前，抓住人們的手說：「你們為什麼不來看我爸爸的書呢，真的很不錯！」

原本憐憫的目光立刻變成了敵對的眼神：「讓這個小女孩離我遠一點！」那時我認為，沒有比這再糟的事情了。但我又錯了。

我美麗的妻子走了過來，而且她並不是一個人。早餐時，她找到那位知名的潛在大客戶，說服對方參加我的簽書會，並向對方許諾贈送他一本書，以及得到「和她才華橫溢的明星設計師丈夫暢談公司最新的設計專案」的機會。她甚至告訴對方可以不用排隊。

她根本不知道，在排隊這件事情上，她是多麼的正確。

我的妻子和我夢寐以求的客戶目瞪口呆地站在那裡，而我則坐在成堆的書和筆後面，看著我的女兒試圖將人們拖到我的簽書台前。而那時，施特夫已經賣掉所有的書，開始咧著嘴和粉絲們合影留念。

那一刻，我無比沮喪與震驚，我無法理解這一切。隨後的兩年裡，我一直思考這個問題，試圖弄清楚背後的原因並確保類似的事情不再發生。那天的經歷和我隨後數年中學習到的東西，幫助我建立了一個充滿活力的品牌以及一家強大的公司。這就是我在本書中想要和你分享的內容。我在芝加哥某家飯店展覽大廳的尷尬經歷，給了我當頭一棒，這段經歷讓我明白了在商業世界和生活中出人頭地的關鍵。現在，讓我與你分享一些當時我並未注意到的細節。我越是回想當時的情景，就越能感受到這些事情的重要與微妙。

還記得前面我是如何介紹施特夫的嗎？和我一樣，他也剛剛出版了一本新書，他是在新書發表前被邀請去參加會議的。這意味著，除了某些瞥過一眼晦澀難懂的設計雜誌的讀者外，排隊的人根本不知道我或施特夫的書的內容。這就是說，他們排隊購買從未看過的商品。

更糟的是，我們的書都被緊緊密封在塑膠封膜裡。即使排隊的人們想提前看兩眼書裡的內容，也看不到。即使把拆掉收縮膜的書放在簽書桌上，作用也不大，因為施特夫的隊伍太長了，無法讓人站在那裡慢悠悠地翻閱書籍。有種說法是，不要靠封面判斷一本書的好壞，但事實是，封面是影響排隊的讀者產生購買決策的唯一訊息。

除了封面設計，我們兩本書的區別在於，施特夫的書是知名人物，或者說是名人所寫，而我的書則是一個無名小卒寫的。多年之後我才發現，在那天的芝加哥設計大會上，沒有一位讀者是因為書中內容而買書。他們實際上購買的是一部分的施特夫，而他們肯定不想購買一部分的我。雖然我是一個優秀的設計師，但施特夫也是一個優秀的設計師，此外他還擁有強大的品牌及強大的知名度。這造成了我們兩人間的天差地別。

這簡單且看似顯而易見的觀點和結論，像一道閃電滑過我的腦海，徹底改變了我對行銷和公司品牌的看法，讓我了解如何推銷自己、經營自己的公司。更重要的是，這個小小的見解引領我發展出一套全面的行銷策略，最後的內容展現在我的書籍和部落格上，讓我能每週在電視台上亮相，並有機會參加一系列為我打造的專屬活動。

顯而易見的是，施特夫賣出了更多的書，只是因為人們知道他是誰。換句話說，已知比未知更令人信服。但這並不能說，透過這一簡單理論就能建立一個強大品牌，銷售更多產品。研究一下銷售史，你會發現大量反證：歷史上充斥著大量賣不出去的知名產品、沒有當選的知名政客、失寵的流行樂團，以及已然不復存在的知名連鎖店帝國。

當然，有些產品的消失只是因為它們已經不再重要。你上次購買車載天線、卡帶錄音機、打字機或八毫米投影機是什麼時候？計算機、水床、墨水瓶這些東西呢？這些產品許多已經不復存在（或只是作為小眾的商品存在），因為科學技術為我們提供了更好的產品。

而且，許多真正有效用、甚至比業界龍頭還優秀的品牌，也相繼倒閉。儘管專家們一致認為Betamax的錄影帶格式要比VHS格式更優秀，但最終後者還是把前者擠出了市場。Friendster（社交網站始祖）被聚友網（MySpace）取代，而聚友網又被臉書（Facebook）取代。誰又能說，當你持有這本書時，臉書不會被其他社群媒體給取代呢？

這是否能夠說明我的書實際上比施特夫的書好？雖然當時我並不知道（施特夫的書有封收縮膜，我看不到內容），但我必須承認，後來我有機會拜讀了施特夫的作品，必須承認，他寫得比我好。他的書真是太棒了。但在當時，誰好誰壞是未知且無關緊要的。

如果說這不僅僅是知名度的問題——也就是說，不僅僅是因為施特夫比我更出名，也不僅僅是書本身品質的問題——那麼究竟是什麼讓施特夫的書供不應求，而我的書則無人問津呢？什麼樣的祕密因素造成了這一切？更重要的是，你能使用其中哪些要素幫助自己建立和發展事業、增加銷量、獲取利潤？

對於想要提升個人品牌、發展壯大自己事業的人來說，這本書回答了所有的這些問題。

引言

產品體驗感高於產品功能

一個簡單、普遍的事實是，在當今電腦化和全球化銷售的世界中，大部分工業產品的工作品質要比我們預期的還要好。如果你做一點研究，你會發現很多不同產品的不同零組件全部來自於同一家工廠，或是基於相同的技術和專利生產出來。從汽車到筆電再到微波爐，絕大部分產品與其競爭對手的功能相似或相同，這是因為它們的起源和組成零件也是如此。

CD將音樂從類比訊號轉向數位訊號。隨著這項新技術的普及，舊有（類比訊號）音樂播放器逐漸消失，卡帶劃痕和它帶來的嘶嘶聲也消失了。為什麼？因為與類比訊號記錄不同，數位記錄（例如複製CD）是一個「無損」的過程。換句話說，數位複製實際上是複製元素，而不是對原品的複製，因為它包含了母體的所有數據資料。雖然數位錄製有很多不同的記錄格式，包括.wav、.aif、.mp3以及.mp4，但是它們都是數位格式，不會造成訊息損毀或品質下降。

感謝數位技術的出現，高品質的音樂複製現在已非常普遍。

當我們談論家庭娛樂的時候，不得不提電視機。如果你的年齡夠大，你記憶中的電視機應該是背後塞滿顯像管的大盒子，如果你的年齡更大，那麼你記憶中的電視機還應該有頻道和音量兩個旋鈕。

還記得那些旋鈕嗎？使用時間過長的話，旋鈕內的小齒輪會磨光，無法控制中間聯通電視內部的金屬桿。這樣的事情經常發生，使用一把鉗子夾住金屬桿更換頻道或調節音量是常有的事。

還記得那時的遙控器嗎？是一個帶有高高凸起大按鈕的小盒子。今天的遙控器，在你早起時可以幫你做烤麵包和煮咖啡之外的所有事情，而那時的遙控器只能更換頻道和調節音量。而且它們壞得很快，最後你不得不起身離開沙發跑到電視機前換台。信不信由你，那時的電視台會將冷門劇放在熱門劇之後播放，因為他們知道很多觀眾懶得起身換台，會將就著看一些平時自己不太看的節目。

電視天線也經常損壞，然後電視機就無法接收訊號了。像Radio Shack這樣的無線通訊商店的可替換電視天線生意十分熱門，人們稱之為「兔子耳」。不過，大多數情況下，人們會將金屬衣架折成V字形，代替天線。雖然這種修理方式效果並不算好，但是鑑於當時低下的電視影像品質，影響也不算大。

當然，舊電視最大的問題是顯像管最終會爆裂，這時你的電視機就變得毫無價值，它變成只是一個占據客廳空間的大型垃圾，你唯一能做的是買一台新電視機。

但是，經過多年的發展，電視產品達到「不再損壞」的水準。這給電視機製造商帶來一個很大的問題：電視市場已經成熟，而大部分人都已經擁有電視機，他們根本沒有理由去購買新的產品。

最終，電視產業克服了消費者對技術創新的抗拒心理。電視機越來越大、螢幕越來越亮、音響效果越來越好，這些都在刺激消費者購買新的電視。有線電視、電視機上盒、影片播放器、高畫質、智慧電視，這些僅是技術競賽中少數幾個技術躍進，提供了消費者和零售商一種全新看待、思考和購買電視機的觀念。多虧了平面螢幕技術，讓消費者能夠購買越來越大的電視，並將它們掛在牆上，讓高品質的家庭影院最終成為可能。

在平面電視大行其道幾年後，我和妻子重新裝修了我們的房子。當更換客廳和臥室牆面時，我們決定在牆內預裝一些電線和插頭，然後也安裝幾台平面電視。這意味著，我家的舊電視——一台Sony Trinitron和一台更大的JVC，不得不被處理掉。

我從儲物間裡把電視機紙箱拉出來，將兩台電視重新放入箱中，然後再把使用說明書用原來的透明塑膠袋裝好放進箱子內。信不信由你，我還將遙控器裡的小電池拿出放在原裝小塑膠袋中，用原裝的小膠帶固定住。

但是，我要怎麼處理這兩個老舊卻完好的電視機呢？我一開始想送給我家的草坪修剪工，可是他不要；然後我提出送給修理汽車的機械工，他也不要。我甚至寫信給我公司的所有員工，誰先回覆就送他這兩台電視。然而，沒有任何回應。

裝修時，我們在屋內收集了很多用不到或不想再用的東西：多年前就已經不再流行的衣服、孩子們不再玩耍的運動器具、碎裂的瓷器、損壞的卡帶，以及被遺忘在抽屜和儲物櫃深處多年的很多小玩意兒。我將它們都放入盒子裡，塞進妻子的SUV，然後裝上行李架，去找孩子們的舊自行車，我發現已經鏽跡斑斑的自行車就靠在垃圾桶旁的鐵絲網柵欄上，沒有人偷它們，這並不奇怪。誰會想要它們呢？

我將自行車吊在行李架上，然後開車到最近的Goodwill（美國慈善二手商店，能讓社區居民販售閒置的物品）。Goodwill的女接待員開心地指引我放置生鏽的自行車，示意我把幾個箱子搬到後面屋子的一角。一切都很順利，直到我搬動電視機包裝箱時，她表示拒絕。

「先生，停下，我們不收舊電視。」

她突然的喝止讓我感到驚訝，不過我很快就反應過來，她一定不知道這兩台電視機保存完好，功能正常。畢竟，Goodwill可不想收集一堆破爛電視，然後在捐贈人走後扔掉。

我向她解釋：「別擔心，這些電視機功能完好，你看，我甚至保留了說明書和遙控器。如果這裡有插座，我可以開機給你看。」

「先生。」她的回答有些怒氣，「我們不想要你的電視機。」

「但是它們都很好啊。」我抗議說，「會有人想要它們的，它們是非常好的電視。」

「先生。」她又重複一遍，怒氣越來越盛，「沒人會想要它們，就是窮人也有平面電視！」

我最終如何處理這兩台舊電視並不重要，但我真的從中學習到很多東西。這段經歷觸發我一個新想法：**在一個大部分產品都能正常運轉的時代與社會，功能已經變成了入門成本**。消費者——即使是那些財力有限、需要去Goodwill購物的人們，也不僅僅滿足於商品的功能，他們選擇的是**產品傳遞的理念**。功能完好的電視機並不夠好，人們要求得更多。

如果所有的產品和服務都能正常運作，或者看起來是這樣，功能就成了商品的基本。「產品是如何運作的」，這個曾經最重要的特性不再是消費者們著重考慮的，因為他們在任何地方都能找到同樣品質的產品。此時出現一種新的「咒語」，解釋了在這個超高效、超連通的社會中的購物模式：**消費者不會選擇你的產品，他們選擇你**。換句話說，**當所有產品都具有相近的功能和接受度時，產品帶給你的感覺才是重要的，而不是它運作的方式**。

施特夫的書是否寫得比我好，其實並不重要。不管是哪些原因——他的名人身分（還記得嗎，他是設計業的「it男孩」）、他的帥氣、他的魅力、他開創性的工作經歷、他的名聲、他的獲獎紀錄——總之，參加設計大會的人們在擁有一小部分施特夫（他的簽名書）時感覺會更好。因為他們觸碰到名人的光環，並且能講述這個故事。

參加設計大會的人從來沒有聽過我或我的公司，對他們來說，我的書只是一本書，是他們放在書架上、進行閱讀和儲存訊息的一種功能設備。但施特夫的書不僅僅是一本書，因為它為讀者們帶來各種美好感覺。就像掛在牆上的新平面電視機，擺放在自己咖啡桌上的施特夫簽名書，是他們一段經歷的紀念品，可以留待日後慢慢品嚐。

勾起消費者「炫耀」的慾望

二〇〇三年，豐田公司在美國推出第二代油電複合動力車PRIUS。根據維基百科描述[1]：

（豐田）PRIUS全球銷量在二〇〇八年五月達到一百萬輛；二〇一〇年九月達到二百萬輛；二〇一三年六月超過三百萬輛。二〇一一年四月初，全美國累計銷量達到一百萬；二〇一一年八月日本累計銷量達到一百萬。

第二代PRIUS上市時，沒人預料到會成功。第一代PRIUS於一九九七年在美國上市，是世界上第一台大規模生產的油電複合動力汽車。作為一個設計毫無新意的新車系，第一代PRIUS不僅在道路上表現平平，在銷售上也表現平平。一九九七至二〇〇一年間，全球銷量只有十二．三萬輛。但是，全新設計的第二代PRIUS就完全不一樣了。

你可能還記得最初發表時，豐田的油電複合動力車成為好萊塢精英們的最愛：葛妮絲．派特洛（Gwyneth Paltrow）、凱特．哈德森（Kate Hudson）、奧蘭多．布魯（Orlando Bloom）、娜塔莉．波曼（Natalie Portman）、卡麥蓉．狄亞（Cameron Diaz），甚至哈里遜．福特（Harrison Ford）都開著PRIUS在洛杉磯兜風。突然，PRIUS不再僅僅是一輛汽車。這是一個大膽的聲明，告訴全世界：它的駕駛都是深深關心環境健康的世界公民。這一聲明如此大膽，其結果是，從二〇〇三年的第二代車型導入到二〇〇九年重新設計之間，第二代PRIUS全球銷量約為一百一十九．二萬輛，是第一代銷量的五倍。到二〇一四年九月，豐田第二代和第三代PRIUS複合動力車銷量超過三百二十五萬輛。

有趣的是，在PRIUS獲得巨大成功的同時，本田汽車也推出自己的Civic複合動力車。這兩款車的規格相似，但是本田並沒有進行全新設計，而是在已經非常流行的本田Civic基礎上增加一款複合動力版。實際上，除了一些細節的改變以及在車型名稱加上六個字母，標準版Civic和Civic複合動力版在外觀上難以區分。

不幸的是，好萊塢的超級明星們並沒有像對待PRIUS一樣對待Civic複合動力車，大眾也不買帳。銷售數字證明這一點[2]：截至二〇〇九年，本田僅售出二十五萬五千二百四十九輛Civic複合動力車，二〇一二至二〇一三年全美國銷量少於三萬輛，而此時PRIUS已經推出第三代，自二〇一一年以來僅最新款就售出八十五萬三千八百三十四輛。

如果說複合動力車是因為燃料行駛里程的增加、以及尾氣排放的減少而深受歡迎，那麼為什麼本田的銷量遠不如豐田如此強勁呢？

與同樣高效但外形並不引人注目的本田Civic複合動力車不同的是，PRIUS獨特的外觀在向世界訴說：這是一輛為獨特人群設計的獨特車輛。平淡無奇的本田則傳達的是：「我開的是一輛便宜車。」本田製造出一款功能可靠的車，但是在設計外觀時卻「掉漆」了。這款車的風格並沒有讓它的駕駛感覺良好。

二〇〇七年七月，《紐約時報》（*New York Times*）引用CNW市場調查公司（CNW Marketing Research）的研究[3]，發現五七％PRIUS買家的主要購買原因是「它代表了我的觀點」，只有三七%的人表示「節省燃油」是他們的購買主因。不久，《華盛頓郵報》的專欄作家羅伯特・薩繆爾森（Robert Samuelson）創造了「PRIUS政治」（Prius politics）一詞[4]，用來形容此一現象：駕駛「炫耀」的慾望比遏制溫室氣體排放的慾望更強烈。前美國中央情報局局長小勞勃・詹姆士・伍爾西（R. James Woolsey Jr.）甚至說[5]，由於石油利潤使他們有方法可以對付恐怖分子蓋達組織（Al Qaeda），美國人買了低效能的汽車間接影響恐怖主義的資金。「在這場戰爭中，我們雙方都付出了代價，這不是一個好的長久之計。」伍爾西說。「我在我的PRIUS後面保險槓貼上『賓拉登恨這台車』」。[6]

想像一下，開PRIUS的車代表駕駛具有社會和環保意識，而不這麼做則意味著駕駛人在支持恐怖主義組織（據前中央情報局局長伍爾西的說法），對這樣一輛小車來說，可謂責任重大。很明顯，《華盛頓郵報》將複合動力車稱為「好萊塢最新的政治正確象徵」，無疑是精準的。[7]

履歷表的祕密

你還記得自己的第一份履歷表嗎？如果你是在電腦革命前找到第一份工作，你很可能是去影印店將這份履歷表印出來。如果你是在個人電腦出現後找第一份工作，那麼很有可能是在自己的電腦裡完成履歷表，並使用自己的雷射印表機印出來。不管你是如何製作履歷表，履歷中的第一句話很可能是這樣：

我正在努力尋找一個獨特的創新機會與一家成功、有遠見的公司，可以讓我充分發揮我的能力和所有潛力，並在其中尋找實現職業發展和個人價值的重大機會。

好吧，我確信你的文字和我的重新創作會有所不同，但肯定差別不大。我的重點是：大部分的第一份履歷表是「為求職者」而寫，不是為了應徵過程中最重要的那個人——做出雇用決定的人所寫。不管你的祖母告訴你多少次，你是整個地球上最重要的人，但讀你履歷表的那個人並不關心你是誰、你想要什麼。他只關心你有多適合這個應徵職位、有多符合他的需求。

如果你應徵的是一家大公司，很可能是人力資源部主管或該部門人員看你的履歷。你認為這些人關心你想成為行銷或業務員還是會計嗎？當然不。他們只想找一個具備公司要求條件、能馬上上班的人。最重要的是，看你履歷表的人，他們尋找的是能讓他們自己顯得很不錯的應徵者。他們希望上司對他們的雇用決定給予稱讚，進而獲得晉升的機會。你的職業道路是他們關心的最後一件事，除非這與達成他們的工作目標相關。

這一點很重要，可以再重複一遍：你的職業生涯對他們來說並不重要，除非這對他們的事業能夠產生積極影響。

如果你應徵的是一家較小的或創業氛圍濃厚的公司，公司老闆、合夥人及財務長很可能會親自看你的履歷表，這些人最關心的是你能否馬上開始為他們賺錢。小企業主和企業家對你的工作態度與能力的興趣，遠超過你的嗜好、願望和夢想。再說一次，最重要的是你能為他們做什麼，而不是他們會為你做什麼。這兩者有何區別呢？你要如何才能去除履歷中的雜亂訊息，提高履歷表品質，進而增加求職成功率呢？

為了獲得答案，我找到了邁阿密大學的馬克・萊維特（Mark Levit）教授。馬克是紐約一家成功廣告公司的老闆，後來搬到南佛羅里達州。現在，馬克教導數百名學生廣告學和行銷學，但實際上他花更多時間幫助他們準備人生中的第一次求職。

馬克認為整個履歷中最有價值的部分是第一段，你要向履歷閱讀者保證你會節省他們的時間、精力和金錢，或者讓他們賺更多錢。他說，其餘一切都是多餘的，「看履歷的人不會以學生角度去看待求職行為。他們會尋找文件中的關鍵詞，因為這代表應徵者已經了解自己被雇用的原因及公司對自己的期望。一旦他們確認這一點，他們會繼續研究應徵者的具體任職條件。如果他們無法確認這一點，則會直接將履歷丟進垃圾桶。」

借用已故美國前總統約翰．甘迺迪（John F. Kennedy）的名言來說：「不要說公司能為你做什麼，要說你能為公司做什麼。」（原句為：不要問國家能為你做什麼，問問你能為國家做什麼。）

馬克指出，由於大部分雇主都會收到大量的求職履歷，他們會快速篩除掉一部分，好讓工作控制在可接受範圍內。也就是說，任何你留在履歷中的不妥之處都會被他們用來篩掉你。「不用說，拼寫錯誤就是履歷的死亡標誌。」馬克說，「此外還有對求職目標的錯誤理解、不佳的文字溝通，以及非特定性陳述。這幫傢伙是冷酷無情的。記住，他們的工作是找到好的求職者，不是來給所有求職者公平應徵機會的，更不是為了雇用你而出現。」

在幫助學生們撰寫數千份履歷並持續追蹤成敗後，馬克認為終極的履歷目標陳述應該像這樣：

對我來說，成為一名成功的（應徵職位實際名稱）是世界上最重要的事。我會一週七天、一天二十四小時全天候工作，為你節省時間、金錢和精力，以此來證明你對我的信任是值得的。我保證你不會對我失望。

「學生們幾乎從不站在他們潛在雇主的角度思考。」馬特哀嘆道：

如果他們能這樣做，我相信他們會以一種完全不同的態度來對待求職一事。我看到的是，即使是那些非常聰明、對求職非常重視的學生，都會在履歷中努力地表達自我。他們沒有意識到，履歷是一個表現自我的錯誤場所。恰恰相反，這是一個讓你成為雇主期待的樣子的機會。我不建議我的學生們撒謊或者誇大其詞。記住，在現今的時代，用滑鼠點點就能知道求職者過去的就業經歷和教育背景。學生們應該做的，是將履歷看成一個機會，一個告訴世界自己是誰、告訴潛在雇主自己能為他們做些什麼的機會。

這才是這些孩子被雇用的原因。

世界上最重要的工作

需要準備履歷（或者品牌）的不僅僅是應屆畢業生，馬克的建議也並不僅針對那些尋找第一份工作的學生，他的建議對職業生涯中的每一步來說都很重要。實際上，在通往世界上最重要工作的天梯上，你爬得越高，馬克的告誡就越重要。

二〇〇八年，當美國人投票選舉下一任美國總統時，他們的選擇非常明確。一方是共和黨人約翰・麥肯（John McCain），他是一位前戰爭英雄及職業政客；另一方是民主黨候選人，一個幾乎不知名的社區活動家和短期參議員，他有個很不常見的名字：巴拉克・胡笙・歐巴馬（Barack Hussein Obama）。在以前的美國總統大選中，選民們的抉擇從未如此明確過。

對不知情的人來說，麥肯在人選一開始就占了明顯優勢：他已經十分出名，並且符合絕大部分美國總統的任職標準。僅從資料上看，麥肯穩獲下一任美國總統寶座。基於經典的行銷5P理論來看——產品（Product）、價格（Price）、定位（Positioning）、包裝（Packaging）、促銷（Promotion），這甚至算不上競賽。

行銷5P理論提供了一種混合多學科及多決策面向的方式，讓行銷人員能夠更好地觸及他們的目標客群。5P理論中的元素還有幾種不同組合：有些專業人士會使用4P：價格、產品、促銷和地點（Place）；有些人則會增加到7P。不過，不管你使用哪種理論，你會發現這些分類可以幫助你決定最終的產品行銷策略，並獲得顧客的熱烈反響。

現在，讓我們來逐一解析5P，看看大選候選人們都是怎麼做的。

1. 產品

誠實地說，麥肯是最符合我們期待的大選「產品」。甚至他的名字聽起來也與歷屆美國總統很像：喬治・布希（George Bush）、比爾・柯林頓（Bill Clinton）、約翰・甘迺迪（John Kennedy）、湯馬斯・傑弗遜（Thomas Jefferson）、喬治・華盛頓

（George Washington）。巴拉克・胡笙・歐巴馬這個名字呢？不是我們常常見到的名字，沒錯吧？在希伯來語中，巴拉克的意思是「祝福」，但是大部分美國人並不知道這一點。

讓我們做個小試驗：如果我讓你列出最可能成為美國總統的一百個名字，胡笙會出現嗎？二百個名字呢？五百個呢？如果讓人們為美國總統取名，他們永遠也不會寫出胡笙這個名字，不管你讓他們寫多少個。他的姓是什麼，歐巴馬。正如他的競爭對手說的，他的名字與美國頭號敵人——奧薩馬・賓・拉登（Osama bin Laden）的名字很容易混淆。即使是中立的新聞播報員，也經常會將他的名字誤讀為「奧薩馬」。

第一分，由麥肯獲得。

2. 價格

在市場行銷世界中，價格代表的是「產品的價值」。一旦品牌建立並吸引到顧客，價格會對最終的購買決策產生巨大影響。最直觀的邏輯是，客戶總是希望以更低價格購買產品，但這種想法是錯誤的。很多產品的價值會隨著價格的提高而增加，顧問、香水和訂婚戒指都是這種定價現象的實例。

但在政治舞台上，所有產品（或說候選人）在購買地點（投票站）的購買價格都是相同的，每名購買者（投票人）都持有相同的有限資源（一票）來購買（支持）自己選擇的總統人選。因此在這裡，我不使用購買者的支出來定義價格，改為使用預算，即每位候選人為了提高自己品牌知名度而用於競選宣傳的金錢總量。順帶一提，麥肯和歐巴馬在二〇〇八年總統大選的競選花費是美國歷史上最昂貴的一次。

正如上文所說，這對麥肯來說應該是一場輕鬆的勝利：他擁有輝煌的歷史，廣闊的人脈，豐富的籌資經驗，以及比歐巴馬更多的籌資潛力。但是歐巴馬的團隊充分運用了對萌芽中的網路技術的理解，而共和黨候選人還在堅持老式的選舉籌資方式。最終，歐巴馬籌到七億六千零三十七萬一百九十五美元，是麥肯的三億五千八百萬八千四百四十七美元的兩倍多。[8]也就是說，歐巴馬的選票每票十．九四美元，麥肯則是五．九七美元。

但事情還沒結束，候選人並不是唯一在競選中花錢的人，考慮到黨派貢獻，民主黨全國委員會獲取超過二．〇六億美元，而共和黨全國委員會獲取超過三．三七億。

根據大選支出，第二分由歐巴馬獲得，他的競選資源總額比麥肯要多約二．五億美元。

3. 定位

在定位上麥肯占明顯優勢。他的政治生涯始於一九八二年擔任國會議員，一九八六年當選為參議員。作為政治家，麥肯已經出現在公眾視野中超過四分之一個世紀，他十分知名，見多識廣的美國選民能很容易就認出他。

在進入政壇前，麥肯是一名愛國的越戰老兵，當過五年戰俘。他在越南被俘和囚禁的故事家喻戶曉，令他備受尊重。

另一方面，歐巴馬僅僅在註冊參選美國總統後擔任過一小段時間的參議員。在此之前，他被稱為「社區活動家」。不管你認為這個頭銜是否值得尊敬，但不爭的事實是，「社區」這個詞意味著他在一個小魚缸中工作，而且不太為人所知。

第三分，麥肯獲得。

4. 包裝

如果能夠避免「政治正確」強加的局限性觀點，那麼就能很容易承認歐巴馬和我們之前見過的任何一位總統都不同。雖然在一部分選民眼中他的膚色是種優勢，但誠實地講，從整體來看，他的這項特質並不能成為有利條件。

遊覽一下奧蘭多迪士尼世界的總統大廳，很快就會發現，所有美國總統的動畫人物都有幾項共同點。再瀏覽一下華盛頓國家美術館陳列的總統肖像，也能找到某些共同點。其中，最值得注意的是：所有總統都是男性，都身處中年或更老，都是白人。歐巴馬符合前兩項標準，但是肯定不符合第三項。一如很多美國人民罷工時，很可能就會脫口唱出芝麻街美語的片頭曲「每個人都不一樣、每個人也不屬於誰」。也就是說，歐巴馬並不完全是我們期待的樣子。儘管我們從小被告知：「在美國，任何人長大都可以成為總統。」但事實並非如此，美國歷任的四十三位總統擁有相同的人口學特徵就是最好證據。

不管你喜不喜歡，第四分由麥肯獲得，現在他以三：一領先。

5. 促銷

終於到了最關鍵的部分，就是在這裡，巴拉克．胡笙．歐巴馬一舉扭轉其他領域帶來的失分，並最終把約翰．麥肯甩在後面，贏得總統寶座。其實原因很簡單，麥肯笨拙地發起了一場僅以自己為中心的競選戰役，而歐巴馬的競選團隊則精心喚起選民們的共鳴。麥肯的競選口號是「我是一個獨行俠」（I am a Maverick），這句話簡潔地描述了他的候選人立場。不幸的是，對於麥肯的競選團隊來說，這句口號在若干層面上都有不小的問題。首先，對於一個年歲稍長的白人男子以及一位前軍官來說，「獨行俠」（maverick）這個詞很不協調。麥肯絕不是一個特立獨行的人，他是一個堅定的、中間派與右翼之間的共和黨人。的確，他在參議院中的表現很好，時不時地接受一些不太受歡迎的職位，包括與威斯康辛州的自由民主黨參議員拉斯・芬格爾德（**Russ Feingold**）合作，聯名起草一份競選財務改革法案。但是，就此選用「獨行俠」這種宣傳語，會與他的實際人格形成鮮明反差，很難令人信服。

其次，「我是一個獨行俠」，雖然談到了麥肯的特點，但這與公眾卻沒有任何關聯。當然，人們可以假設，一個特立獨行的人會做一些新奇有趣的事情。但還是那句話，選民們對麥肯的認知並不符合這一點。

而歐巴馬的競選口號（我相信是有史以來最好的廣告詞之一）僅僅由三個詞組成：「是的，我們能！」（Yes，we can）

「是的」（Yes）意味著積極。

「我們」（We）意味著包容。

「能」（Can）意味著鼓舞人心。

「是的，我們能！」告訴所有潛在選民：「我們可以一起完成偉大的事情！」它沒有具體說明這些事情是什麼，但它將我們與歐巴馬即將擔任的總統工作連結在一起。「是的，我們能！」這句話向我們保證，美國人會做出偉大的事情。

這句口號管用嗎？結果證明了一切。不僅大多數美國選民選擇歐巴馬成為下一屆總統，高達六八%（三分之二）的首投選民也選擇了他。有趣的是，這句競選口號對首投選民影響最大，因為他們對大選了解的最少。但是，他們回應了歐巴馬的品牌訊息：這段訊息不僅將他們納入其中，並且讓他們對即將發生的事情感覺良好。我們稍後會深入討論這一部分：好的品牌僅僅讓你感覺良好，而偉大的品牌會讓你**對自我感覺良好**。總之，「是的，我們能！」這句競選口號對年輕選民來說再好不過了。

在你認為我是在選邊站之前，我們來看看選舉之後，歐巴馬從形象到功能的轉變。在當上總統後，「總統」歐巴馬立即停止了「候選人」歐巴馬時的高效溝通行為。實際上，在他的代表性議題——醫療保健上，這位新總統表現得一塌糊塗，任由國會、權威人士乃至他的對手們定義他的醫改計畫。

在對手展開定義你之前，先定義你自己和你的計畫——這是最重要的政治公理之一。由於總統本人並沒有為他的代表性醫改計畫制定明確口號，無意間讓愛荷華州一位共和黨參議員搶了先機。查克・葛雷斯利（Chuck Grassley）的幾個字語：「拔掉祖母的插頭」（pulling the plug on grandma）[9]，是如此的朗朗上口、令人信服，幾乎使整個醫改法案流產。

更重要的是，阿拉斯加州前州長、副總統候選人莎拉・裴琳（Sarah Palin）在臉書上將《患者保護平價醫療法案》（Affordable Care Act，ACA）妖魔化為「死亡專案組」。更諷刺的是，葛雷斯利和裴琳的聲明都提到前總統喬治・布希（George W. Bush）在醫療建議中對臨終關懷的討論。不管怎樣，由於葛雷斯利和裴琳對歐巴馬計畫的再定義，歐巴馬的代表性法案幾乎被徹底摧毀。雖然他的計畫最終投票通過，但《患者保護平價醫療法案》（簡稱歐巴馬醫療法案）在隨後的辯論中，就像個內臟散落一地的空殼般展露在公眾面前。

葛雷斯利和裴琳很清楚，大部分選民不會去閱讀成千上萬頁的醫療保健政策，但一個簡單、情緒化的訊息可以向人們傳遞醫改計畫對他們生活的影響，進而動搖公眾對該法案的看法。「拔掉祖母的插頭」清晰表達了法案通過會帶來的後果；而「死亡專案組」則迅速地為官僚和無趣的政府組織戴上一個恐怖面具。

葛雷斯利和裴琳找到了向選民傳遞政見的方法，更重要的是，這能讓人們去感受歐巴馬的醫療法案——透過他們兩人的解釋，以及強烈的情感訊息。

直擊消費者的關注點

到目前為止，我們一起經歷，連串看似雜亂的故事。電視機過去的樣子、豐田PRIUS複合動力車、馬克・萊維特教授的履歷表撰寫課程、葛雷斯利和裴琳的反歐巴馬醫療法案的教訓，以及美國在二〇〇八年的總統大選，這一連串事情有什麼共同點？還記得前面提過我的第一次簽書會嗎？從那次災難性的經歷中學到什麼，以至於改變了我的事業、我對待他人的方式，乃至我的整個生活？

更重要的是，你能從中學到什麼？

簡單地說，最成功的品牌訊息重點是：「以顧客為中心。」（All about them）

正如你所見，最強大、最吸引人的行銷訊息和品牌識別並不是被推廣的公司或個人，而是品牌想要觸及的那些人。更重要的是，品牌的目標是：透過與品牌的互動，讓目標消費者**對自我感覺良好**。

擁有一本施特夫簽名的書，可以讓設計師和設計愛好者們自我感覺良好。歐巴馬當選總統是因為他的競選口號「是的，我們能！」傳達了肯定、包容、積極的訊息，讓支持他的選民們感覺榮耀。參議員葛雷斯利和前州長裴琳的言論幾乎破壞整個《患者保護平價醫療法案》，因為他們做了歐巴馬沒有做到的事：藉由直接的情緒渲染，向選民們解釋歐巴馬醫療法案對他們生活的影響。馬克．萊維特最優秀學生們的履歷表與本質背道而馳，因為這些履歷沒有把重點放在求職者的資質以及符合的條件上，而是向潛在雇主表示：如果他們雇用履歷表的主人，他們的公司和生活會更美好。

可能你會說，豐田PRIUS並沒有提供超越對手的明顯功能優勢，但它獨特的外形宣揚了車主們的理念。當本田Civic說「我很便宜」時，豐田PRIUS一直在說「我在乎」。與老式電視機相比，最先進的平板電視擁有很多更新更炫酷的科技，不過兩者的觀看體驗卻大致相同。但是，平板電視為低收入消費者提供了一種地位和富裕的社會形象，這是他們內心渴望的。

這就是「以顧客為中心」的力量。它能夠讓你的聽眾們立刻意識到：你說的對他們很重要。它往往省卻了案例和數據，因為它正中消費者的關注點：**他們的自身利益**。

這裡有個人類的醜陋小祕密，最優秀的行銷總是從這裡下手：**人們最關心的是他們自己**。這似乎是顯而易見的事情，但是人們往往忘記這個簡單規律：他們的行銷計畫中充滿了無用的案例與數字，而這些內容只會掩蓋真正想傳達給客戶的訊息。

我很遺憾地說，你以前就是如此做的。

這就是本書的全部內容：告訴你如何充分運用「以顧客為中心」的力量來傳遞品牌觀點、說服顧客站在你的角度看待事物。

Chapter 1

沒有人是開心的

祖母和救生員的故事

一位老婦人沿著海岸狂奔。「我的孫子，我的孫子，他快淹死了！救命！」她尖叫著。救生員聽到她的呼喊，立刻從瞭望臺跳下，一頭投進水中，拚命四處尋找。終於，他發現了在海浪中上下翻騰的小小身軀。救生員不顧危險地游到孩子身邊，緊緊抓住對方胸口，一路與浪花搏鬥游回岸邊。

救生員疲憊不堪、氣喘吁吁地將小男孩拉到沙灘上，然後跪下來，按壓小男孩的胸部，為他做人工呼吸。五分鐘過去了，小男孩突然抽搐一下，吐出一大口水，然後開始呼吸起來。

精疲力竭的救生員閉住呼吸，抬頭看了看老婦人。「你的孫子還活著。」他努力平復自己的呼吸：「一切都會好的。」

老婦人看了看救生員，看了看小男孩，又看了看救生員，說道：「他還有一頂帽子。」

即時世代

與其他出生在二十世紀六〇、七〇年代的人一樣，我也是一個喜歡在黑暗中收聽電晶體收音機的人。如果某位朋友告訴我有首歌必須聽，我就會將收音機調到WQAM（美國電台）頻道，靜等這首歌的出現。

如果這首歌很熱門，我大概需要等上一個小時；如果這首歌不怎麼熱門，我可能要等到深夜，錯過睡覺時間。我會在等待時放入卡式錄音帶，將歌曲錄下來，以便反覆聆聽，並與朋友們分享。但我總是錯過歌曲的開頭，或者錄下母親喊我去吃晚飯的聲音。想要錄下一首完整歌曲幾乎是不可能的事情，除非去唱片行購買專輯。但這也意味著，我無法僅僅買下我喜歡的歌曲，我必須購買整張專輯的卡帶，還可能要聽到B面才行。

當我口袋裡有多餘零用錢時，我會想訂購漫畫書最後廣告頁上的東西，比如神奇寵物海猴子或X光眼鏡。但是從郵購公司買東西，比去商店買新專輯還要難。首先，我要說服母親，我真的需要買這件東西；請她寫張支票，然後將它放入信封中，找一張郵票貼上；接著，我必須騎自行車去找郵筒，把信封扔進去；此後，我必須等待四到六週時間——這是一段長得可怕的時間，不過廣告中對此有說明提醒。

對於一個十二歲的孩子來講，四到六週幾乎意味著永恆。我每天放學回家都會認真地查看信箱。俗話說得好，一直看著燒水的鍋爐，感覺鍋裡的水似乎永遠都煮不開，我激動的心情也無法讓包裹早一刻到達。

現在改變了。我女兒只要收到網路上推薦的一首新歌，同時間，這首歌的MP4檔案就已經隨訊息傳送到她的手機。她也可以去YouTube或iTunes商店下載歌曲，然後立刻聆聽。

如果我兒子想買什麼東西，他可以直接在網上訂購，然後在一兩天內從聯邦快遞手中收到包裹。在運輸途中，他還可以隨時追蹤包裹的位置。四十五歲以上的人不會在乎包裹走到哪裡，只要最後能收到貨就好。但是年輕的消費者不一樣，他們喜歡跟隨包裹的每一步。他們想知道包裹什麼時候到奧克拉荷馬的塔爾薩，什麼時候到田納西州的曼非斯，就好像我當年每天都要檢查信箱、等待我的海猴子一樣。無論技術如何發展，有些東西永遠不會改變。

如果他想買的是書，就更簡單了。他只需登錄亞馬遜（Amazon）訂購，然後在不到六十秒的時間，檔案就會傳輸到Kindle、iPad、智慧型手機或筆電中。Kindle的

App不僅可以幫他尋找和管理電子書籍，還可以在他停止閱讀時自動設置電子書籤，方便他下次閱讀。

像我孩子這樣要求「即買即得」的買家，被貼上諸如「X世代」、「Y世代」、「嬰兒潮世代」、「千禧世代」等標籤。但我認為，根據他們共有的心理特質——對即時滿足的依賴——進行劃分會更加準確。這些消費者是完完全全的「即時世代」（Instant-On generation）。這些年輕的買家們成長在「你已經為我做好什麼了」的數位技術需求環境中，從沒有遇過「無法獲得及時服務」的體驗。

「即時世代」就是每次等紅燈時都要用手機檢查電子郵件和訊息的那些人；是在機場安檢隊伍中，會對於接受安檢時多花點時間的乘客翻白眼的那些人；是在飯店大廳中狂敲手機，咒罵飯店Wi-Fi龜速的那些人。

簡而言之，「即時世代」從不等待任何事物，因此他們的注意力也大幅萎縮。

不幸的是，世界的發展讓「即時世代」的生活變得越加艱難。由於世界人口迅速增長、發展中國家金融機會大幅增加，以及科技大眾化，飛機和餐廳中湧入了更多人，更多資源被消耗，更多遠程服務被使用。儘管「即時世代」非常喜歡使用數位環境替代現實生活，如透過Foursquare尋找朋友，使用OpenTable預訂服務，在臉書、推特和WhatsApp上全天候交流，然而整個地球上需要即時服務的人類之多，不可避免地減緩了一切。

你可能會懷念過去的美好時光，回想以前的服務沒有那麼緩慢。那時需要服務的人少了許多，也更願意等待。而且，那些年長些的消費者並不是在電子遊戲的「即時獎勵」環境中長大。他們成長的過程中，沒有微波速食食品，沒有手機這樣的全天候通訊設備。

「即時世代」消費者的生長環境、消費習慣與以前大不相同，今天的行銷人員不得不絞盡腦汁去滿足他們的需求——就像皇后樂團（Queen）唱的：「我全部都想要，我現在就想要。」

談到當今高速發展的世界，默劇演員史蒂文．萊特（Steven Wright）打趣的說：「將即溶咖啡放進微波爐裡，你會感覺回到了過去。」有趣的是，我沒聞到咖啡的味道，但是我聞到了機會的味道。具體來說，我聞到了可以讓公司和企業家們滿足「即時世代」消費者的機會。

其中之一，就是改善客戶體驗。想一想迪士尼世界的排隊體驗，以及拉斯維加斯麥卡倫機場（McCarran Airport）的安檢體驗吧。在邁阿密，有錢的拉丁美洲「即時世代」們可以在辦理移民時雇人替他們排隊。每當蘋果（Apple）發售新的iPhone時，很多人會通宵排隊，然後把自己的位置賣人——那些寧可付錢，也不願排隊的人。

彭博社（Bloomberg）報導稱，當iPhone5發表時，紐約和舊金山有兩百多人收費替iPhone5的買家們排隊。此外，網路技術也為此類交易提供了便利，這些排隊服務都是透過派遣兔（TaskRabbit）網站達成交易的。[10]在派遣兔上，用戶可以尋找他人來做一些零工，比如組裝宜家家具，或者替人排隊。

但所有這些解決小問題的快速方案僅能算是「OK繃」，真正賺錢的，是那些能夠在現實生活中實現「即時世代」們數位化期望的解決方案。

例如，Google、特斯拉（Tesla）、BMW、賓士、奧迪和蘋果都傳言或證實正在研發無人駕駛汽車。據推測，這項技術將在二〇二〇年左右正式商用。二〇一四年十二月，美國科技網站ExtremeTech報導：「Google已經推出首個可合法上路的自動駕駛汽車原型。」此外，該網站還稱：「如果一切順利，Google希望與一家真正的汽車製造商合作，在未來五年內將自動駕駛汽車推向市場。」

思考一下自動駕駛汽車將帶來的巨大機會。《大西洋月刊》（*The Atlantic*）雜誌報導說，除了通勤消耗的固定時間，交通擁堵會讓每位通勤者平均每年在路上的時間增加三十八個小時，在洛杉磯每年增加六十一個小時，華盛頓每年增加六十七個小時。一旦自動駕駛汽車正式商用，消費者可以運用這些時間進行其他活動，而廣告媒體則會占其中很大一部分（順道一提，Google對此非常感興趣）。

第一世界問題

「第一世界問題」（First World Problems，意思是無病呻吟、雞毛蒜皮的小問題）一詞最早出現在一九七九年G．K．佩恩（G. K. Payne）在《建築環境》（*Build Environment*）發表的一篇文章。[11]二〇〇五年，該詞會成為熱搜是因為「即時世代」和那些被現代科技慣壞的人們，在社群媒體上用它來表述生活中的小問題和小煩惱。二〇一二年十一月，這個詞被收錄於《牛津英語詞典》網路版。

第一世界問題，是企業真正關心的問題，因為在一個消費者永遠不快樂的世界裡，滿足消費者變得越來越困難。回想二十年前，你從未聽說過「第一世界問題」這個詞。

你進入預訂好的飯店房間，把行李丟在床上，看了看窗外的景色，然後走進浴室。這時，你發現一隻噁心的大蟑螂在浴缸裡亂爬。你尖叫著逃出廁所，然後該怎麼做呢？你很有可能打電話給服務台，讓他們派人來處理這個問題。當旅行結束回到家中後，你仍然很生氣，所以決定寫封投訴信給飯店。你找了一支鋼筆，潦草地在信紙上寫下你的抱怨，然後放入信封中，封好並貼上郵票。

三週後，這封信還在你的外衣口袋中。直到有一天你終於又想起這件事，把它扔進了郵筒。在之後的三個星期（旅行結束已將近兩個月後），你收到一封帶有飯店標誌的信，裡面這樣寫：

尊敬的先生／夫人：

您在XYZ飯店的入住並不完全滿意，對此我們很抱歉。非常感謝您將這一想法告知我方。我們向您保證，我們正在盡一切所能改善這種情況，並確保這種情況不會再次發生。

誠摯的飯店管理人

整件事就這樣結束了。當然，你可以向朋友們抱怨，但又有什麼用呢？事情已經結束了。

十年前，如果你在飯店浴缸裡碰到蟑螂，你會回到家打開桌上型電腦，寫一封電子郵件發洩你的不滿。幾天內你就會收到回覆郵件，但上面寫的內容與二十年前沒有什麼不同。

五年前，你會立刻透過筆電或平板電腦傳送電子郵件，人未離開飯店就收到了回覆。飯店經理甚至會親自送上一瓶酒和手寫的紙條，請求你的原諒。

那麼，這件事放在今天會發生什麼呢？

你走進浴室，發現該死的蟑螂在浴缸裡嬉戲。你做的第一件事是什麼？尖叫？不，你會拿出智慧型手機把蟑螂拍下來。你甚至都不用特意去找手機，因為它就在你手裡。當你走進浴室時，不是在和朋友互傳訊息，就是在玩消消樂之類的遊戲。

你拍了一張高畫質的蟑螂照片，附加一句評論：「天哪？？什麼鬼？！在XYZ飯店裡居然發現一隻巨型蟑螂！」然後按下傳送鍵，將這則訊息傳送到你擁有七千名粉絲的推特、三千三百名同事的領英（LinkedIn）和五百八十七名好友的臉書等社群網站上。假設你的社群媒體好友只有一〇％在線上，這意味著在幾分鐘內就會有一千多人知道飯店裡有隻大蟑螂。如果你心有不甘，還可以將照片和評論上傳到Yelp、貓途鷹（Trip Advisor）等評價類網站中XYZ飯店的頁面上。

XYZ飯店的麻煩不止於此，因為你的朋友、社群網站好友會重新分享你的經歷，一群人會在你的評論上「按讚」，一兩個病態傢伙甚至會把你的照片分享到圖片社群網站Pinterest的蟑螂鑑賞頻道中，並附上一句類似的話：「看看我朋友在XYZ飯店發現的這隻巨大迷人的德國小蠊。」

所以，在你發現蟑螂不到十分鐘後，成千上萬的人都知道牠和XYZ飯店的故事。如果飯店的業務和行銷團隊沒有進行網路輿情監視，他們完全不知道這則新聞正在全球傳播。他們唯一知道的是：曼德爾鮑姆的猶太教成年禮剛被取消；某新公司的會議策劃人考慮不再選擇這家飯店做為公司年度銷售活動的場地；XYZ飯店的預訂正在不斷減少。

網路的力量

如今，智慧手機和網路的力量，加上對訊息的民主化控制，代表與你的品牌互動的每一個人都能增強你的訊息傳遞，或能重新定義你的訊息。如果管理得當，對個人品牌來說，這種新模式十分強大有力；但如果管理不善，最終情況可是比在浴缸裡爬來爬去的蟲子可怕得多。

就拿這位名叫@Cella的披薩店新員工為例，她甚至還沒有開始工作，就因為在推特上的言論被解雇了。@Cella是美國德州郊區曼斯菲爾德Jet's披薩店新錄取的員工，她在推特上對即將開始的新工作發洩不滿：「唉，我明天就要開始做這份爛工作了。」[12]然後是七個拇指向下的表情。

一名Jet's的員工看到這則推特，並告知連鎖店加盟主羅伯特．瓦普爾（Robert Waple）。瓦普爾登入推特回覆@Cella：「那麼，妳可以不用開始做這份爛工作！因為妳被我開除了！祝妳之後沒錢沒工作的生活快樂！」

湊巧的是，在@Cella事件的幾個月前，我們辦公室也發生類似事件。我們的一名員工（叫她瑪利亞好了）說她叔叔生病了，她想請假去波多黎各看望他。儘管她沒有預留任何休假日，但辦公室經理認為她的請假理由很充分，應該給予她額外的休假時間。

週四，瑪利亞應該回來上班，她寄了一封電子郵件給公司，解釋說她的叔叔去世了，她打算留在聖胡安參加葬禮。理所當然的，我們讓她延長她的假期。每週五早上，全辦公室都會聚在一起吃早餐，藉此機會分享交流彼此的工作與生活。在這頓早餐期間，經理告訴大家瑪利亞叔叔的事情，並提醒大家下週見到瑪利亞時一定要注意言語，要顧及她的心情。

兩分鐘後，一名年輕員工抱著她的筆電過來，讓我們看這位本該在波多黎各的悲傷員工的臉書。我們看到的，不是她穿著一身黑在葬禮上、或回顧與叔叔一起的幸福時光，我們看到的是瑪利亞穿著綠色螢光比基尼，在沙灘上抱著男友，貼文寫著：「在巴哈馬和我的布魯在一起。真不敢相信週一我還要回去上班。」

雖然我們沒有在臉書上公布解雇她的訊息，但瑪利亞的結局和@Cella一樣。她們都因為在網路上發了愚蠢的訊息而失業。但問題並不僅限於此。網路的民主化放大了每個人的言論和不良行為，而且對聲名顯赫的人造成的傷害最為嚴重。換句話說，一個人地位越高，就會摔得越狠，我稱之為「透明的麻煩」（the trouble with transparency）。

透明的麻煩

二〇一五年二月五日，《紐約時報》刊登了兩篇關於「透明的麻煩」的報導。一篇標題為「布萊恩·威廉斯道歉，並深入講述直升機事件」（With an Apology, Brian Williams Digs Himself Deeper in Copter Tale）的文章[13]，講述了美國國家廣播公司（NBC）晚間新聞主播布賴恩·威廉斯在二〇〇三年報導伊拉克戰爭時，乘坐的直升機被火箭榴彈攻擊的不實事件。另一篇標題是「索尼寄件匣中的帕斯卡」（Pascal Lands in Sony's Outbox）[14]，記錄了索尼影業娛樂公司（Sony Pictures Entertainment）總裁艾咪·帕斯卡（Amy Pascal）的「透明的麻煩」：一名駭客入侵索尼影業的伺服器，並在網路上散布帕斯卡的電子郵件，曝光了她關於「歐巴馬總統對黑人主題電影有偏好」的不當言論。

一位聲名狼藉的電視新聞主播，一位索尼影業的離職高階主管，他們二者有何共同點呢？除了他們兩人都在媒體產業擔任要職，都「無限期地」離開現有職位，並且都因為冒犯的話語陷入困境。最明顯的一點很可能都被大眾忽視了：這兩人都在網路上被揭發、嘲弄。

關於威廉斯的那篇文章，還援引了美國有線電視新聞網（CNN）節目《新一天》（*New Day*）主持人克里斯・古莫（Chris Cuomo）的話：「網路會『把他（威廉斯）活活吃掉』。」而在帕斯卡的事件中，她對於總統的電影偏好的評論，「成為八卦網站、商業出版品和主流新聞媒體的報導素材」。

當然，大家並不需要擔心威廉斯或帕斯卡的未來。這位美國全國廣播公司的主持人與該公司簽訂了一份為期五年、價值一千萬美元的合約[15]；索尼高階主管的離職，公司保證在四年內支付她三千萬至四千萬美元[16]，再加上她製作電影的利潤分紅，以及數百萬美元的年度辦公費用；我們絲毫不必擔心他們未來的生計。

但是，我們都應該擔心「透明的麻煩」，即他們的「罪行」在網路上被報導且重複報導的可能性有多大。在幾年前，人們要花很長時間才能捕捉到的真實事件，現在只要一夜之間就人盡皆知。不管是紐澤西州前州長克里斯・克里斯蒂（Chris Christie）在私人豪華包廂裡觀看球賽、二〇一二年共和黨提名的美國總統候選人米特・羅姆尼（Mitt Romney）在影片中表示「其他四七％的選民不值得關注」、@Cella抱怨她的新工作，還是艾咪・帕斯卡在私人談話中發表了冒犯的言論，從中我們能看到，在網路時代之前備受重視的「隱私」，現在已經被拋到腦後。

無論威廉斯、帕斯卡或其他類似事件的主角是否會受到法律懲罰，都不再重要。今天的人們會站在輿論法庭上審判、譴責他人。由於這種突發事件會對股票價格產生巨大影響，所以今天的公司需要更迅速地採取防禦措施。更重要的是，他們必須先發制人，在危機發生之前就擬定好應對計畫，要做到防患於未然。

一名學生上傳了一些喝醉酒的照片，這些照片後來出現在雇主對他的背景調查中；一則錯誤的推特，一封無意間發給「所有聯絡人」的私人郵件，都會讓生活掀起軒然大波。現今的民主化傳播是如此之快、如此之普遍，以至於我們的行為守則遠遠沒有跟上行為帶來的後果。因此，像威廉斯和帕斯卡這樣的事例只會變得更加頻繁，更具破壞性，影響更深遠。

我並不是說不應該揭穿這些人的不當行為，我必須要補充一下，大多數人在私底下都有過不恰當的言論。我真誠地希望這種透明度能夠讓公眾話語和行為變得更加積極。但與此同時，每一位CEO、行銷總監、行銷專家、家長，以及每一位網路使用者，都需要謹慎地維護自己的職業和個人聲譽。記住，智慧型手機的普及意味著每個人都有一台錄音機、錄影機、一種最簡單的上網工具，可以超快速地將你的行為公布到網路上，將你送上輿論的法庭——在這裡，沒有人認為你是無辜的，你不被證實有罪他們就不會善罷甘休。

威廉斯試著對公眾表示抱歉，儘管他的道歉十分拙劣，用的都是諸如「混淆」、「錯誤的記憶」、「記憶的迷霧」等扭曲的詞彙。但是，愚蠢的辯解並不是他完蛋的原因。畢竟，從傳教士吉米・斯瓦加（Jimmy Swaggart）的眼淚（一九九一年深陷嫖妓醜聞）、前美國參議員拉里・克萊格（Larry Craig）的「站得寬」（二〇〇七年因在機場男廁的猥褻行為被捕。他辯解當時在撿紙所以「站得寬」），到美國名廚寶拉・狄恩（Paula Deen）的「不理解『N』字詞彙」（二〇一三年對前員工使用意指「黑鬼」的N開頭單字被指責有種族歧視），再到基督教歌手塔米・費耶・巴克（Tammy Faye Bakker）的「睫毛膏門」，我們已經忍受過太多名人們的愚蠢辯解。

威廉斯表示要回到電視台工作，他說：「我回來後會繼續我的工作，不辜負信任我的人們。」但他說的不會實現。不論NBC為他投入多少時間、金錢和努力，不管他有著怎樣的才華與魅力，他說的都不會實現。或許他能夠回到電視台，成為一名成功的戲劇家或藝人，但他不會再擔任主持人了。

這並不是說成功度過危機的名人沒有欺騙大眾。很多名人面對公眾都撒了謊，避避風頭後回來繼續營造更偉大的公眾形象。前總統比爾・柯林頓（Bill Clinton）就是如此，他說：「我沒有和那個女人發生性關係。」這句話被證明是一個謊言。但今天，他是世界上最受人尊敬的政治家之一。

他的妻子希拉蕊·柯林頓（Hillary Clinton）也是一樣。她講述自己在二十世紀九〇年代訪問波士尼亞的經歷時，「口誤」說遭到狙擊手的攻擊。但她隨後不得不承認這說法不正確，因為影片顯示她當時離開飛機時十分平靜。但現在，希拉蕊的身分是前美國參議員和國務卿，在撰寫這篇時，她還是二〇一六年民主黨總統競選的主要候選人。但是布萊恩·威廉斯已經徹底完蛋了。

比爾·柯林頓遭到彈劾的關鍵不是他的謊言，而是他在國會宣誓後撒謊的這一舉動破壞了法律。希拉蕊·柯林頓的謊言（她的情況和威廉斯十分相似）也沒有對她的政治抱負產生嚴重影響。

那麼，為何有這麼多名人經歷了「錯誤記憶」卻安然無恙，只有布萊恩·威廉斯徹底完蛋呢？這很簡單：沒有人真正在乎政客們的謊言。這是一個悲傷的事實：沒有人真的期望政客們一開始就說出真相。但布萊恩·威廉斯是一名記者，當他對公眾撒謊時，就已經違背了自己的核心價值觀、職業定位和秉承的真理。

一年中有六十多名記者在報導真實事件的過程中喪生，威廉斯的「誇張」故事不僅背叛NBC的觀眾，也背叛了所有處於險境的勇敢同行。NBC晚間新聞的九百三十萬觀眾不可能原諒這一點。威廉斯代表著真實，將真相傳達給觀眾就是他事業的基礎。對新聞播音員來說，違背這一承諾是不可原諒的背叛行為。布萊恩・威廉斯的品牌價值建立在無懈可擊的信任之上，而威廉斯卻玷汙了它。信任需要數年才能建立，卻只需數秒就能打破，修復則永無可能。欺騙大眾，是威廉斯犯的最大錯誤，他將負面品質與自己連結起來。他本想講述一個關於自己的故事，卻讓這個故事與我們每個人都息息相關。

形象產品的誘惑

二〇一四年，英國「維多利亞的祕密」（Victoria's Secret）播出一個行銷廣告[17]：一群漂亮的年輕女性穿著內衣，口號是「完美的身體」（The Perfect Body）。這個廣告招到二・六萬個連署抗議。憤怒的抗議者抱怨說，這廣告是「對女性的冒犯和傷害」。這場騷動不足以讓「維多利亞的祕密」道歉或撤銷廣告，不過該公司重新發表廣告的口號，改為「每個人的身體」（A Body For Everyone）。

顯然，「維多利亞的祕密」想讓反對者們知道，公司已經聽到他們的聲音，並做出適當的回應。但「維多利亞的祕密」只願意進行「必要的」最小調整，它在隨後的廣告和行銷中均使用與原來相同的影像。更具諷刺意味的是，改變的只有：在一張有模特兒體形的圖片加上新口號：「每個人的身體」。

「完美的身體」，這樣的口號會招致大量抗議，但十位高大苗條、蓄長髮穿著內衣的年輕美女卻不會，這太沒道理了。畢竟，如果標語的問題是「所有女性都需要符合特定的體形才能變得完美和美麗」，那為什麼這張照片沒有引起同樣的騷動？更值得我們思考的問題是：「維多利亞的祕密」廣告的目標客群是誰，他們對此有何反應？

多年來，男性服裝廣告的目標客群都是女性，因為主流認知是女性會為丈夫、兒子、男友等購買男裝，這些男性們的衣服約有八〇%是由女性幫忙買的。雖然這比例在過去幾年有所改變，但「女性負責採買或會被激發購買大多數男裝」的觀念仍相當普遍。

但女裝不一樣。男人不會為女人買衣服（甚至連性感的「維多利亞的祕密」內衣也不會），而且大多數女人不為男人穿衣，她們是為自己和其他女人而穿。這表示，

「維多利亞的祕密」使用性感圖片並不是為了滿足男性，而是為了吸引特定女性購買「維多利亞的祕密」——那些少數身材與廣告模特兒相似的女性。因此，「維多利亞的祕密」在廣告上展現出購買它產品的女性想要達成的理想形象。

當然，這種做法並不局限於女性購物者。先不管哪些人群會購買湯美．巴哈馬（Tommy Bahama）的男裝，值得注意的是，它過去十年的廣告模特兒——安迪．盧切西（Andy Lucchesi），他的年齡四十出頭，卻有著讓年齡小他一半的人羨慕的炫目灰髮。和「維多利亞的祕密」一樣，湯美．巴哈馬的廣告訊息很簡單：你比你實際年齡看上去要更年輕、更好看、更有精神，穿我們的服裝會讓別人對你的印象更深刻。

請注意，不僅僅只有服裝製造商才會使用「形象策略」將產品賣給心裡缺乏安全感的消費者。**很多產品銷售的並不是產品能做什麼，而是購買者認為它能做什麼**。

我們買的車 VS. 我們駕駛的道路

如果說，保時捷和法拉利等跑車的設計，是為了在德國高速公路上以每小時二百九十公里的速度行駛，那為什麼他們最大的市場是在美國？畢竟美國的平均車速限制在每小時八十八至一百一十二公里之間。更重要的是，雖然美國西部和西南部地區的開放道路可以讓這些跑車全速前進，但這些跑車主要還是在城市地區行駛，不僅車速受到法規限制，擁擠堵塞的交通對車輛的行駛速度也產生很大影響。

二〇一〇年，荷蘭導航和地圖公司TomTom根據他們裝設在運行中的設備所收集到的數據資料，發表了對美國行駛速度的研究報告。該公司發現，儘管現在的汽車能力十分強勁，但實際上在美國很少有人的駕車速度超過法律規定。汽車資訊網站（Autoblog）這樣報導：

透過兩年的數據資料收集顯示[18]，大致上來說，美國人駕駛的速度大多會在法規允許的範圍內，但平均速度取決於駕駛地點。

密西西比州公路的平均速度最快，平均時速超過一百一十二公里。其次是新墨西哥州。最快的州際公路是猶他州和內華達州的I-15公路，平均時速為一百二十五公里……平均速度最高的區域在美國中部：密西西比州、內布拉斯加州、堪薩斯州、愛荷華州、愛達荷州、阿拉巴馬州和密蘇里州的平均時速均超過一百零八公里。

顯然，人們購買雪佛蘭科爾維特（Chevrolet Corvettes）和 BMW M4s 這樣的汽車並不是因為它們的高性能和最高速度，而是有其他原因。

不僅跑車的購買者沒有依照設計者的期望駕駛，就連四輪驅動的運動型多用途汽車（SUV）也很少行駛在公路上，或做一些老式旅行車做不到的事情。但它們的銷售和賣點依然圍繞著四輪驅動系統和越野能力。雖然一些車輛可能被用於冰雪環境或越野旅行中，但這不能解釋為何越野車銷售量在陽光地帶的城市地區也十分高，這些地區完全不需要越野車的超強性能。

國際知名市場調查機構 **J. D. Power** 在一九九六年進行的一項調查發現，「五六%的SUV從來沒有駛離過一般道路，只有五%經常在公路上駕駛」。雖然吉普聲稱有六〇%的牧馬人（Wrangler）車主經常在野外駕駛，但產業認為其平均水平還不到一〇%。

公司銷售的和消費者購買的，並不是車輛能以百公里的速度行駛、以及穿山或橫越沙漠的能力，而是消費者想要這樣做的願望。駕駛這些性能超強的車輛，更多時候為的是一種形象，而不是真正要去做的事情。換句話說，你不必真的去做這些事，知道你能做到就好了。

在你用昂貴的捷豹（Jaguar）或荒原路華（Land Rover）嘲笑鄰居之前，你要意識到，這些形象的購買並不局限於跑車和越野車：我們的奧運級跑鞋並不能幫助我們跑得更快；最先進的筆電不會讓我們的文章變得更令人深刻；我們的陶瓷廚師刀不會讓我們把冷凍披薩切得更直；我們的艾瑞克·克萊普頓（Eric Clapton）限量版吉他也不會讓我們彈出更有感覺的藍調。正如我們已經看到的，**大多數消費者實際上並沒有真正使用自己購買的產品的全部功能**。相反，我們使用這些產品來緩解現代生活帶給我們的不適，我們使用一些「神話」來讓自己遠離目標，特別是「獨特神話」和「能力神話」。

成功並不獨特

獨特神話

還記得美國牛仔電影裡的情節嗎?英雄策馬進入小鎮，立刻遇到無惡不作的惡霸。雖然小鎮裡還有警長和他的副手，以及一群帶槍的牛仔，但我們的英雄是唯一一個能克服千難萬險、趕走壞人、拯救小鎮的人，他唯一需要的就是他的馬以及一把左輪手槍。他是獨一無二的他——是唯一一個能做好應做之事的人。

但英雄掃蕩完壞人後，他做了什麼？他是否幫助該鎮成立一個廢水委員會，並建立汙水處理設施，為今後的可持續水回收制定相應法案？他是否與當地學校的家長教師協會合作，提高五年級學生的識字率？他是否設立慈善基金，為嚴重O型腿的牛仔們提供腿部醫療？不，我們唯一的英雄會騎著馬迎向夕陽遠行，獨自一人。

對於那些成長於飲食穩定的西方文化的人來說，獨特的個體精神得以延續。從萬寶路牛仔（Marlboro Man，萬寶路香菸的牛仔廣告形象）到蝙蝠俠，從約翰·韋恩（John Wayne，美國演員，西部牛仔明星）到布魯斯·韋恩（Bruce Wayne，蝙蝠俠的真名），我們一直被這些浪漫化、沉默堅忍的英雄形象大肆轟炸。我們都被他們身上獨一無二的特質所誘惑。

人們會告訴你，「沒有兩片雪花是一樣的」、「沒有兩個指紋是相同的」。這些陳詞濫調使「獨特」更加簡單易懂。但你知道「獨特」的真正含義嗎？字典對「獨特」的定義是「唯一的」。除非你添加修飾語，如「相當」——「相當獨特」，否則「獨特」這個詞是絕對的，沒有任何妥協的餘地。要麼你是唯一的，要麼你不是。你不可能「有一點點」獨特，就像你不可能有一點點出色、一點點完美，或者有一點點懷孕。要麼你是獨一無二的，要麼你不是。

實際上，只有很少的成功人士能真正算得上「獨特」。我們都站在巨人的肩膀上，大多數成功的人士，也是在前人的基礎上獲得成功。**如果你只是想被他人注意，這並不需要獨特性。你需要有一定的區別度（差異性），這樣你的目標客群才能識別出你，並對你的差異表示尊敬。**請讓我再次強調這一點：成功通常並不獨特，因為他們的目標客群起初並不理解他們提供的是什麼。

歷史上充斥著那些拒絕且否定命運的「獨特人物」故事。聖女貞德（Joan of Arc）被燒死在木樁上；梵谷（Van Gogh）自殺；搖滾樂手吉米·亨德里克斯（Jimi Hendrix，被認為是流行樂史上最重要的電吉他手）死於吸毒過量。真正獨特的道路並不是通往成功或幸福的道路。當然，也有許多不幸的獨特人物，忙碌一生卻默默無聞。就連本世紀最偉大的企業家：史蒂夫·賈伯斯（Steve Jobs），在把蘋果公司變成世界上最大、最受歡迎的公司之前，也曾被蘋果公司炒過魷魚。

能力神話

如果你閱讀了很多新一代生產力「大師」的書籍，你會得到很多類似的建議，諸如「做到最好」、「引起轟動」等等，但這些建議往往會成為無法克服的障礙，並招致「第一世界問題」，最終阻止我們獲得應有的成就。如果能力是成功的唯一條件，那麼好萊塢和百老匯的巨星將會數不勝數。然而事實是，最有才華的人往往無法達到頂峰。他們太在意成為偉大人物，反而無法到達那裡。

你認識的朋友中肯定有些出色人物，比如很棒的吉他手。你向所有朋友吹噓他的吉他彈得和吉他大師吉米．佩奇（Jimmy Page）和傑夫．貝克（Jeff Beck）一樣好。或許他真能與這些一流吉他手比肩，但是如果他每天都在自己的房間裡獨自練習，那麼沒人會知道他彈得有多好。

成功，需要的不僅僅是精湛的技藝，還需要毅力、行銷、對細節的掌控，以及更多的運氣。如果你忙著坐在家裡一再精煉你的文章，或者不斷精進你的推銷技巧，那麼你不會有任何成功的機會。

Chapter 2 數位世界的人們

生活中最大的謎題

生活中最大的謎題之一，就是那個配不上你女兒的男人，是如何成為世界上最可愛孫子的父親。

不會做事的，去教書

演講者在幕後等了一會兒，然後慢慢走出舞台。台下不溫不火的掌聲歡迎著他的出場。他身穿海軍藍馬球衫、寬鬆的皺褶卡其褲，腳上是Converse All-Star經典帆布鞋——還沒有鞋帶。他渾身上下唯一的亮點就是臉上那副歐式眼鏡，紫紅色霓虹燈照在上面，照亮了他的臉。

演講者靜靜地盯著台下二千名聽眾幾秒鐘。然後，他清了清嗓子張開嘴，輕柔卻堅定地說：「那些不會做事的人，去教書吧。」（Those who can't do...... teach）

聽眾們震驚了。有些人在座位上不安地挪動身體，抱怨說他們不贊成。有些人十分氣憤，想衝上台，但是很快又冷靜下來。其他人則互相看了看，來確認自己聽到的內容，然後等待演講者繼續。

這名演講者正在全國教師大會上發表演說！接下來的四十五分鐘裡，演講者告訴聽眾們，為什麼他認為教學是世界上最重要的工作。他解釋說，各行各業有他們擅長的事，是因為他們一生都被訓練做同一件事。律師訴訟、外科醫生手術、會計師記帳、技師修車——這就是他們所接受的訓練。他們的工作一次可以幫助一到兩個人。

演講者繼續說，只有最優秀的從業者才有資格教書。教師幫助的不僅僅是教室裡的學生，實際上，他們透過自己的工作，改善所有人的生活；接受他們教導的學生在未來也會幫助他人。透過教學，教師們將自己的知識放大百倍、千倍。

演講者接著解釋，教書不僅僅是一份工作，它是一個人可以奉獻一生的偉大事業。他總結道，教書是一種可以讓人雖死猶生的最神聖、最有意義的方式，「教書不僅僅是一份職業，它是留給後人的財富」。

演講者表達完自己的觀點，停頓了一會兒，然後走回四十五分鐘前開始演講的地方。他再次目不轉睛地盯著人群，深深吸一口氣，重複道：「那些不會做事的人，去教書吧。」這句話和開場時震驚、激怒聽眾們的那句話一樣。但這一次，聽眾對他的話有了全新的理解，他們站起來拚命鼓掌，掌聲經久不息。

讓消費者自我感覺良好

我們都聽過侮辱性話語，我們也很可能重複過這些話語。在討論某人的工作資質時，我們可能會說：「那些不會做事的人，去教書吧。」

在聖誕派對上，我們可能會詢問一位檢察官，他是否會在除夕夜時將負責案件中的孤兒寡婦都趕出家門。看到吃甜甜圈的警察，或整天坐在消防站裡的消防員時，我們可能會小聲抱怨他們拿錢不做事。

不管什麼樣的侮辱，或我們想表達的真正意思如何，聽者的感覺只會更加心酸、痛苦。這就是為什麼演講者可以藉由重新定義一句侮辱性話語來扭轉全場局面，贏得所有教師聽眾的歡呼。透過扭轉侮辱性話語，演講者將此變為靈感的來源。他消除其中的傷害，並以驕傲取代，他不僅改變了在場教師們對這句話的感覺，更重要的是，他改變了教師們對自己以及對自己職業的感覺。

演講者將教師們多年來收到的侮辱轉變為自豪與驕傲。他不只是恭維觀眾，讓他們自我感覺良好；他將「負債」轉化為「資產」。透過將弱點轉化為力量，他改變了他的聽眾，給予他們更強大的力量與信心。

演講者明白，想讓人們對自己說的話感興趣，「讓人們對自己感覺良好」是最快的方法。這就是「以顧客為中心」的全部。

多巴胺是你的好朋友

不僅僅演講者能為他人創造良好的感覺，在科技越來越發達的今天，數位設備也經由製造積極的感覺來產生正面影響與結果。

研究顯示，每當智慧型手機、平板電腦和筆記型電腦提醒我們有訊息時，我們的大腦就會釋放多巴胺。隨著時間的推移，這種快樂的刺激會形成條件反射，就像巴夫洛夫（Pavlov）的狗聽到用餐鈴聲就會流口水，當我們的手機響起，我們也會產生相對的反應，不管這則訊息是否重要。

電子設備對我們心理影響如此之強大，以至於加州大學洛杉磯分校神經科學與人類行為研究所（Semel Institute for Neuro and Human Behavior）主任彼得．懷布羅（Peter Whybrow）說：「電腦就像電子古柯鹼。」[19] 此話在電腦使用者之間引發了一波躁動。從《大西洋月刊》到《新聞週刊》，都廣泛報導了多巴胺成癮與消費者使用智慧型手機等網路設備的關聯。

《新聞週刊》說：「每個人，無論年齡大小，每月都會收發大約四百則簡訊[20]，這是二〇〇七年的四倍。青少年平均每月處理三千七百則簡訊，是二〇〇七年的兩倍。超過三分之二的電子設備日常使用者（包括作者）說，他們經常感覺自己的手機在振動，但事實上手機根本沒有收到任何訊息。」

想像一下，在不到二十年的時間裡，一種曾經被認為不尋常甚至怪異的行為，現在不僅被接受，而且幾乎被每一位消費者所接受，被本書的每一位讀者接受。科技的快速進步讓一切變得更加有趣。現今科技進步呈現指數增長。摩爾定律指出，整合電路中的電晶體數量每兩年翻一倍，其隱含的實際意義更大：電路中的電晶體數目成倍增加，意味著整個電路的速度、功率和能力也會成倍增加。在不斷發展和進步的過程中，這些電晶體完全改變了人與人、人與環境之間的互動方式。

但諷刺的是，當電晶體和電路飛速發展時，人類操作處理能力的進步卻微乎其微。對人類來說，想要對某種新的刺激演化出廣泛反應，需要幾十萬年的時間。你最喜歡的軟體的每一個新版本，運算速度都是原來的兩倍；但我們使用這些應用程式的能力，卻不可能跟上它們的前進步伐。當然也有例外。在電腦技術巨變之前，機器的設計有時是為了減緩人機之間的互動。鍵盤就是很好的例子。

你有沒有想過，為什麼標準的電腦鍵盤是這樣配置的？如果按鍵依照字母順序排列，或其他更有效的方式，不是更容易學習嗎？一八七三年，鍵盤最初被設計用於打字機（不是電腦）。為了防止按鍵互相干擾，發明者特意設計了被稱為QWERTY的低效鍵盤布局。為了做到這一點，一些最常用的鍵，例如A、S和L鍵，被放置在打字員最不靈活、速度最慢的手指上。雖然七〇%的英語單詞可以用A、D、E、H、I、N、O、P、S和T這十個字母打出，但其中只有四個放在最容易操作的第二行。更重要的是，使用標準QWERTY鍵盤可以僅用右手就能輸入大約三百個單詞，僅用左手可以輸入三千多個單詞。由此可見，QWERTY配置偏愛左撇子打字員，但這只會幫助到世界上大約五%到三〇%的人，而讓大約七〇%到九五%的右撇子們更加費力。

今天，技術的發展速度遠遠超過我們的適應能力。數位技術的驚人增長速度與人類能力進化速度的差異，是一個不斷擴大的鴻溝，且定義了我們生活的新世界。數位設備自發明以來，已在我們社會活動中產生巨大變化，而這一切幾乎是在我們不知情或不了解的情況下發生的。加上人和機器不同的發展速度，我們一頭栽進了一個美麗新世界，在那裡我們被不知道如何解釋的刺激持續轟擊，數千年都無法學到管理它的合適方法。

一九三六年，阿爾伯特·愛因斯坦（Albert Einstein）發表了一篇題為「自畫像」（Self-Portrait）的文章，他在文章中寫道：「對於一個人自身的存在，何者是有意義的，他自己並不知曉，而且，這一點肯定也不應該干擾其他人。一條魚能對牠終生暢遊其中的水知道些什麼？」愛因斯坦的話為今天的處境提供了完美的解釋。

幾年後，歷史學家以事後角度回顧我們現在的經歷，並為後人進行正確的解釋。但是，現在的我們很難看到周圍一切的最終影響。然而，我們知道，我們正在經歷的數位革命仍然深久、長遠地改變我們的思維方式和行為方式。

我們的敵人就是自己

摸摸你的口袋，打開你的背包，或者看一下你的桌面。我敢打賭，你的智慧型手機或平板電腦現在就在你身邊。甚至很可能你正在數位設備上閱讀這本書。

據《每日郵報》（*Daily Mail*）對兩千多名智慧型手機用戶的調查顯示：「普通的

手機使用者，每週拿起手機的次數超過一千五百次。」[21]普通的手機使用者會在早上七點三十一分拿起手機，在起床前查看電子郵件和臉書訊息。他們平均每天使用手機的時間是三小時十六分鐘。近四〇％的人承認，沒有電子設備會讓他們感到很失落。

你能猜到今天世界上有多少智慧型手機和平板電腦嗎？截至二〇一五年三月，這個數字為七十億。信不信由你，這意味著世界上擁有這些設備的人比擁有牙刷的人還多。到目前為止，這一趨勢並沒有放緩的跡象，據估計，到二〇一九年，數位設備的銷售額將增長兩倍。這表示全球將有超過二百一十億個能上網的隨身設備。

當然，有了這些可以上網的小玩意，人們不可能只使用它們來閒聊。它們會被用來做生意、購物。根據IBM零售分析（IBM Retail Analytics）在CNBC的報告顯示，二〇一四年，透過行動設備進行的零售銷售額成長二七％，占所有線上銷售的二二％。

據《哈佛商業評論》（*Harvard Business Review*）報導，電子設備幫助我們做了很多生意，「市場研究公司Forrester估計，僅在美國，電子商務收入就接近兩千億美元[22]，占零售總額百分比從五年前的五％升到九％。」而且不僅僅美國如此，「英國的數字約為一〇％，亞太地區約為三％，拉丁美洲約為二％。」智慧型手機和平板電腦已成為未來媒體。雖然有些人可能更喜歡傳統報紙、電視、收音機或桌上型電腦，但智慧型手機是人們能夠隨身攜帶的行動設備，而且也經常使用它。

約翰．藍儂（John Lennon）說：「生活就是你忙於制定其他計畫時發生的事情。」這預示著每個人都處在一個奇怪的新世界裡。不管我們是否願意參與技術變革，我們周圍的世界都在以迅猛、令人困惑的速度變化著。

最有趣的是，儘管數位技術使人與人之間的連結越來越緊密，但許多人發現自己越來越孤立。這是因為我們與智慧型手機、平板電腦的互動優先於發送訊息的人。例如，你和我在談話，中途我妻子打電話給我，我對你說抱歉然後走到一旁去接電話。這表示，我優先考慮的是與我妻子的談話，而不是繼續和你談話。當天晚上，我在家中和妻子聊天時，你打電話給我，我中斷了和她的談話，接起你的電話。那麼，這是不是意味著我打破了早先的邏輯，與你的談話優先於與我妻子的談話呢？並不是這樣的。其實是手機的提示鈴聲——非某個特定的人——處於最優先級。換句話說，我們更關心的是手機提醒我們要與之談話的人，而不是我們正在談話的人。

這種巴夫洛夫式反應，讓行銷人員學會使用「數位中斷技術」（電郵、簡訊、電話）來達到他們的銷售目標。儘管很多人會大聲質疑「誰會因為陌生電話或垃圾郵件購買東西」，但這種方式的成功率夠高，進入成本卻很低，以至於這種做法大行其道。此外，消費者對談時間（品牌與潛在客戶的互動時間）本就十分重要，而從「產生多巴胺（接電話的條件反射）、讓潛在客戶感覺良好」開始互動，無疑使其更有價值。

多年來，美國行動網路業者威訊無線（Verizon Wireless）的手機廣告詞一直是：「你現在能聽到我說話嗎？」在全美各地的電視螢幕上，演員保羅．馬爾卡利（Paul Marcarelli）——被稱為「威訊無線小子」——拿著手機不斷重複著：「你現在能聽到我說話嗎？」當然，他模仿的是我們在手機沒有訊號時的行為，並暗示威訊無線的電話訊號極其強大，與其他行動網路業者的用戶相比，威訊無線的用戶享有更快、更穩定的手機網路通訊品質。

但這個廣告之所以成功，還有一個更具策略性的原因：良好的手機網路通訊，可以讓威訊無線的客戶在手機上花更多時間交談，而更多的交談溝通可以帶來更好、更牢固的人際關係。當然，這同時提醒人們，當大家正用手機講一通訊號不良的電話並說出：「你現在能聽到我說話嗎？」就凸顯出這個問題的嚴重性。

也就是說，威訊無線聲稱它不僅提供更好的手機網路訊號，而且該服務有助於實現所有人都渴望的東西：被理解。威訊無線稱，它的服務可以保證孩子們能聽到母親的聲音，夫妻雙方能聽到對方的聲音，老闆和員工的溝通會更好。「你現在能聽到我說話嗎？」這則廣告向消費者保證的，不僅是更好的電話通訊技術，還有更好的人際基本溝通；它同時滿足了我們現實的需求與內心的渴望。

「你現在能聽到我說話了嗎？」是一則「以顧客為中心」的聲明。它完美地傳遞出「以顧客為中心」的力量，因為它的重點不是公司，而是消費者。

順道一提，馬爾卡利的這則廣告非常成功，雖然馬爾卡利也出現在可口可樂瓶裝水Dasani、海尼根啤酒、美林證券和老海軍服飾（Old Navy）等諸多品牌的廣告中，但由於他在威訊無線廣告中獲得的超高辨識度，《娛樂週刊》（*Entertainment Weekly*）將他評選為二〇〇二年最吸引人的人物之一。除此之外，我們應該來煩惱：一個有品牌主張的廣告。

透明時代

數位技術的出現不僅代表我們可以超越時間框架、全天候與他人進行交流，還意味著我們分享的訊息永遠存在，隨時供他人瀏覽和評判。

在網路時代之前，資料都儲存在圖書館和檔案室中，供那些願意搜尋但不需即時查閱和複製的人使用。例如，一些特定的電視節目會在當季播出一兩次，偶爾會重播，而你沒有其他途徑能獲得並觀看。報紙和雜誌的文章可以被追蹤，但需要仔細整理並製成縮微膠片儲存。那時的政客可以想說什麼就說什麼，因為演講之後過了幾年、幾個月，甚至幾週，人們就無法找到確實的證據。

而如今情況則大不相同，因為我們擁有大量可查詢的資料。Google圖書館計畫已經承諾將所有的書面作品進行掃描與數位化。自二〇〇四年Google圖書（Google Books）成立以來，它已將超過三千萬冊的圖書進行數位化和編目，密西根大學（University of Michigan）稱之為「前所未有的人類知識線上計畫」[23]，德國作家馬爾特．赫爾維希（Malte Herwig）稱之為「知識的民主化」。[24]

網飛（Netflix）和亞馬遜（Amazon）等公司也在電視和電影方面做同樣的事情，它們讓你點點滑鼠就能獲得過去五十年中的大部分影片。從外國電影到小型獨立發行的電影，再到二十世紀六〇年代的情境喜劇，今天的觀眾擁有前所未有的海量影視娛樂訊息。而獲取這些訊息幾乎不需要什麼時間與精力，只要你有網路、訂閱影視公司的相關頻道，以及一個能上網的設備——例如大多數人每天都會隨身攜帶的智慧型手機。

新聞播音員布萊恩．威廉斯的謊言讓自己失去了工作，因為他違背職業道德。而由於數位資料證據的存在，要發現並揭露他的謊言就變得輕而易舉。此外，厭惡他言行的觀眾們紛紛透過臉書和推特等社群媒體發洩自己的怒火，這一舉動加速了威廉斯的消亡：為了將公司核心品牌的損失降至最低，NBC很快將他從工作人員中除名。當然，除了威廉斯之外，還有很多人因為這些可被檢索的媒體訊息和即時性評論而付出代價。新的媒體環境雖然可能會結束人們的職業生涯，但它同時也會創造職業生涯。

喬恩．史都華（Jon Stewart）的《每日秀》（*The Daily Show*）透過搜尋影像資料，尋找公眾人物的虛偽謊言，並在節目中對他們進行尖酸刻薄的諷刺評論。例如，史都華的調查團隊發現，福斯新聞主播肖恩．漢尼提（Sean Hannity）篡改了國會女議員米歇爾．巴赫曼（Michele Bachmann）反醫療改革集會的片段。史都華還播放CNBC財經節目主持人吉姆．克瑞莫（Jim Kramer）在貝爾斯登公司倒閉前六天的承諾：「你的錢在貝爾斯登是安全的。」藉由播放一大堆倒楣政客們不實言行的影片片段，這個節目得到極高的聲譽及收視率。

在過去，這些片段需要一大群實習生耗費很長時間瀏覽影片才能獲得。但是，德州的一家影片製作公司 Snap Stream 開發出一個應用程式，可以讓你直接將電視節目拷貝到電腦硬碟，然後對其進行關鍵字搜尋。相同的方法，YouTube 也提供創作影片的檢索。

除了記錄和搜尋影片，Snap Stream 技術的關鍵在於，該程式能夠使用針對內容的搜尋系統搜尋該片字幕。這樣，研究人員就能迅速並輕鬆地找到所需要的東西。這是一個非常有效的程式，二〇一四年 Warp 報導稱《每日秀》資深製片人帕特．金（Pat King）藉由使用 Snap Stream 程式，已經將員工的工作量減少了六〇％至七〇％。金說：「過去要花十到十二分鐘才能獲得一個片段[25]。現在速度快多了，從草稿到重寫到排練、播放的過程都更加順暢。」

想像一下，當所有網路上的影片都可以進行即時搜索時，會發生什麼情況？每次的公開演講都會被討論和剖析，並立即被上傳到推特和臉書等社群媒體網站。突然間，觀眾和消費者們擁有了法官、陪審團和劊子手的權力，他們會即時決定訊息的真實與否，並將他們的意見與證據分享給全世界。

不過，其實不需要影片檢索技術的成熟，我們就能體驗到透明的力量。線上評價系統已經十分強大且具有影響力。所以各行各業，從餐館到汽車經銷商，再到演講家、外科醫生，都能感受到這種影響。Yelp、eBay、貓途鷹和亞馬遜等網站都導入消費者評價，邀請那些不滿意、不開心的用戶發表評論，供其他人參考。考慮到社群媒體網站的廣泛使用和搜尋引擎的即時檢索，這些評價系統擁有「毫不費力就能創造或破壞某項業務」的能力。

專業人士同樣能感受到評價系統的影響：Angie's List和Home Advisor等網站為各種居家服務人員做評價；WebMD和RateMD為醫生評價；Avvo.com和Lawyers.com等網站為律師評價。今天的消費者在做出購買或雇用決定之前，可以得到這些服務提供商的所有相關數據資料，這是前所未有的。

不幸的是，這些訊息並不能讓消費者變得更聰明，也不一定能確保更好的服務。《今日美國》（*USA Today*）的報導說得好：「為病人提供的最好服務，不一定能讓他們快樂。」[26]正如亞當和夏娃被逐出伊甸園時學到的：知識並不一定能帶來幸福。雖然評價網站可以讓消費者更了解商家和服務情況，但也可能會對消費者獲得的產品和服務產生負面影響。

在實驗室中，研究設計人員必須考慮「觀察者效應」並進行相應調整。簡單地說，僅僅觀察的行為就可以改變被觀察的事物。例如，溫度計必須吸收或釋放熱能才能記錄溫度，而這代表，當溫度計工作時，它實際上已經改變了正在測量的溫度。

除此之外，你還要牢牢記住：事實、數字、調查和研究都可以被操縱，並被用來支持行銷者的一切推廣目標。

二〇一五年九月出版的《男性雜誌》（*Men's Journal*）中有一篇文章說：「丹麥一項最新研究顯示，與時速八公里慢跑速度相比，時速十六公里的慢跑速度可以讓跑步者的膝蓋壓力降低八〇％。」對於我這個膝蓋有問題的跑步者來說，這篇文章似乎很有見地，讓我重新思考我的跑步情況。但稍加審視後，我發現很多疑點。這篇文章的核心內容是「跑得更快對你的膝蓋更好」，但文章並沒有提供更多關於研究對象的訊息。

在理想的實驗環境下，速度較快與較慢的跑步者應該具有完全相同的物理屬性（如身高、體重等），這樣才能保證測試結果只受速度與步幅的影響。當然，文章中的實驗似乎沒有考慮到這一點。造成這一結論的原因可以有很多，例如，跑步速度較慢是因為跑步者年紀更大、體重更重，或者只是沒有跑步天賦。因此，他們膝蓋疼痛加重的原因，很可能與自身體重或身體狀況有關，而不是跑步的速度。我是一個會慢跑的人，我常常跑在大家後面，我的理由是：我腹部掛著「甜甜圈」、對八十五公斤的超重體重感到羞怯，這些從年輕時就跟著我。在我魯莽的十九歲時，因為一個不幸的滑雪意外，造成左膝長久以來都會痛，所以我完全不接受快跑會是我的萬能解藥。

無論我們是想跑得更快、回顧政客們說過的話、決定去哪家餐廳，還是選擇度假地點，更多的訊息不一定意味著是更準確的訊息。儘管我們可以獲得越來越多的經驗值，但這些並不能為我們帶來更好的決策。

身為消費者，我們面臨兩個重大問題：如何評估大量數據資料的準確度和品質？這是一個迫在眉睫的問題，也被稱為「資訊肥胖」；以及，如何充分運用我們現有的工具，盡可能做出更好的決策。

身為行銷人員，我們的問題既相似又不同。首先，我們如何管理越來越容易獲得的大量商業數據資料？其次，我們如何運用這些訊息幫助消費者做出最好的決策，並讓他們願意與我們公司的品牌互動，購買我們的產品和服務？

這些都是「以顧客為中心」力求回答的問題。

Chapter 3

內容與情境之間的區別

人口普查

人口普查員敲了兩次門，隔了一段時間，一位留著灰色鬍子的老人打開門。

「打擾一下，」人口普查員問道，「亞倫．戈德斯坦先生是居住在這裡嗎？」

「不！」老人回答。

「請問你叫什麼名字？」人口普查員又問。

「亞倫．戈德斯坦。」老人回答。

「剛剛你說亞倫．戈德斯坦不是居住在這裡？！」人口普查員有些吃驚。

老人環顧四周：「你認為這算是居住嗎？」

含義的意義

在一九九六年的突破性著作《數位化生存》（*Being Digital*，書名暫定）中，麻省理工學院媒體實驗室創辦人尼古拉斯．尼葛洛龐帝（Nicholas Negroponte）創造了一句名言：內容為王（Content is King）。尼葛洛龐帝認為，隨著數據越來越即時與普遍，其移動方式並不重要，但移動的特定數據（以「位元」為單位）是有價值且至關重要的。據尼葛洛龐帝說：

位元的估值很大程度上取決於它是否能被反覆使用[27]。在這一點上，米老鼠的位元要比《阿甘正傳》（*Forrest Gump*）的還值錢。更有趣的是，迪士尼的未來觀眾以每小時超過一萬二千五百人的速度出生。一九九四年，迪士尼的市值比大西洋貝爾電話公司（Bell Atlantic）的市值高二十億美元，而當時大西洋貝爾的銷售額增長了五〇%，利潤也翻了一倍。

在一個可以透過按滑鼠點選建立和複製內容的世界中，內容已經被一個更強大的概念取代：情境（Context）。今天，情境才是王者。這是一種幾乎未被人察覺的典範轉移，但在近代歷史中不斷重複，並發展出一套簡單可複製的模式。

例如，巴勃羅·畢卡索（Pablo Picasso）的雕塑作品《牛頭》（*Bull's Head*），就是區別內容和情境的最佳解釋。一九四二年，畢卡索把一個廢棄的自行車鞍座和把手放在一起，完成這個作品。《牛頭》被稱為畢卡索最著名的作品，一個簡單而又驚人的物體變化。但是，如果欣賞者不理解《牛頭》的創作背景，那麼它就失去了讓人驚奇的力量。

今天，畢卡索的作品被看作是一種巧妙的物品組合，一種創新藝術手法：把兩種常見物體的功能識別轉換為視覺識別，並創造出新的東西。例如，將自行車把手和鞍座變成公牛的頭。但是，深入探究畢卡索雕塑的背景情境，就會發現一些不同的東西。進入二十世紀，西班牙經歷過三大可怕災難，這些災難永遠地改變了西班牙文化的基調。畢卡索的雕塑就是那個時代的導遊。透過畢卡索那血淋淋的鏡頭，我們看到這位藝術家所做的不是物品的變形，而是祖國的時代蛻變。

一九一八年發生了西班牙流感，全球感染人數約五億多人。全世界估計有五千萬到一億人死於此次疫情，約占全球人口的三%，這比第一次世界大戰中死去的人還要多；西班牙流感肆虐的第一年，其殺死的人數比歷史上著名的黑死病四年間（一三四七至一三五一）造成的死亡還要多。在西班牙本土，八百多萬西班牙人因為該病死亡。流感悲劇發生後不到一個世代的時間，一九三六年西班牙爆發內戰。三年後佛朗哥將軍（Generalissimo Francisco Franco）宣布勝利時，大約有二十萬至三十萬西班牙人喪生。但是，內戰的結束並不意味著西班牙死亡潮的結束。在極端民族主義者的鐵腕統治下，法西斯政府在全國各地建造了一百九十多個集中營。據估計，佛朗哥的政治敵人中有二十萬到四十萬人死於集中營裡，包括強迫勞動和處決。

在這一系列可怕事件發生之前，西班牙是一個田園國家。壯觀的庇里牛斯山脈將該國與北部鄰國隔開來，西班牙與南部非洲國家的共同點比它與法國等歐洲國家還要多。從西元七〇〇年到探險家克里斯多福．哥倫布（Christopher Columbus）在一四九二年發現美洲，一直是伊斯蘭教主導著西班牙文化，而不是基督教。經歷過新世界黃金熱潮退去後的經濟困難，西班牙將自己與歐洲大陸隔離開。這種隔離是如此的徹底，以至於西班牙「身在歐洲裡，心在歐洲外」。此外，佛朗哥的法西斯政府對外交並不用心，沒有進行任何行動來改善與他國的關係。由於這些自我限制，西班牙文化與歐洲其他國家的文化發展截然不同。

幾代以來，畢卡索的故鄉象徵一直是公牛埃爾托羅（El toro）。這隻高貴的野獸代表著權力、交通、食物、勇氣、男子氣概——擁有西班牙人民所有的象徵屬性。但眾所周知，二十世紀的幾件可怕事件大大改變了這個國家的基調。

畢卡索的作品是在法國相對安全的環境下創作的，由收集的垃圾組裝而成。兩件廢棄物品組成牛頭，並不是巧合，而是這位藝術家對西班牙轉變的評價。在畢卡索看來，家鄉的風景事物已經從農業變為工業，從自然變為機械。一個經由數百年培育的充滿愛心的社會，現在卻是由垃圾粗魯地打造而成。雖然雕塑的內容沒有什麼價值，但它的背景包含了將近九百萬生命的毀滅，以及豐富文化的陪葬。

幾年後的美國，安迪·沃荷（Andy Warhol）創作了畫作《康寶濃湯罐》（*Campbell's Soup Can*，一九六二）。就像畢卡索的《牛頭》一樣，這個藝術系列為整整一世代人的慾望與動機——美國職業女性——提供了一個特別的觀察窗口。

歷史告訴我們，沃荷的靈感來自於羅依·李奇登斯坦（Roy Lichtenstein）的漫畫作品，他對於把日常常見圖像（物品）轉化為藝術的想法很感興趣。於是，沃荷買了一堆康寶濃湯罐頭，把它們投射到畫布上，用機械化技術的精準度描繪出它們的圖像。最初的作品在洛杉磯費魯斯畫廊（Ferus Gallery）展出時，確實引起些微轟動，但大多數公眾認為沃荷的作品是垃圾，因為他們對《康寶濃湯罐》的創作背景並不了解。

和畢卡索一樣，沃荷在二戰後的美國生活和工作，這也是一個被二十世紀重大事件嚴重影響且改變的國家和文化。在戰爭期間，一千六百一十萬美國士兵平均服役三十三個月。整整四分之三的人駐紮在海外，每個人平均十六個月。悲慘的是，其中二十九萬一千五百五十七人根本沒能回來。

戰爭期間，社會局勢發生了巨大變化。由於缺少男性勞動力，婦女們紛紛走出家門，投入商業與工業等工作中。鉚釘女工是當時推出的一個虛構女工形象，她的袖子捲在凸起的肱二頭肌上，頭上綁著紅白相間的圓點圍巾，是「新女性」的最佳代表。二戰期間，超過一千九百萬美國婦女外出工作。雖然在戰前已經有許多婦女外出工作維持生計，但在戰爭期間，她們占據了一般由男性擔任的製造業職位和公司高階主管職位。當然，在戰爭結束後，這些女性可以選擇回到她們的家庭傳統角色中，但她們並沒有。

在第一次世界大戰期間，流行歌曲「你如何讓他們回到農場（在他們見識過巴黎之後）」[28]，講述了美國南部和中西部人民想讓在歐洲服役完畢的軍人回到不那麼繁華的家鄉的憂慮心情。就像歌曲中魯本先生問他的妻子：

在他們見識過巴黎後，你如何讓他們留在農場？你如何讓他們離開爵士樂，在鎮上做個油漆匠？你如何讓他們遠離傷害，這是一個謎。他們永遠不想看到耙或犁。你要怎樣把他們留在農場裡，在他們見識過巴黎後？

但二戰後問題就不一樣了。雖然女性們的父親、兒子、丈夫和兄弟從海外戰爭中歸來，但社會又怎麼讓那些嘗過事業成功的女性放棄一切，回到以前在家庭的附屬角色中呢？

沃荷的藝術品表面上只是普通濃湯罐頭的簡單複製，但在這種情況下有了全新的含義。早先時候，女人的傳統生活場所就是家中，負責烹飪這項藝術。大多數婦女都是從零學起，豐盛可口的飯菜是時間、知識、技能、工藝、創造力，以及愛的結晶。但是，現在有相當多的婦女在外工作，沒有時間做飯，烹飪的藝術變得機械化。如果說食物原本是藝術，那麼由於社會的變化及沃荷的解釋，現在的藝術是食物。現在的食物則是機械化、大量生產，並且被裝在罐頭裡的。

了解沃荷所處的時代環境，讓我們可以用全新角度看待他的作品。透過了解沃荷的藝術，可以更深入了解當時的生活情況及社會變化，以及這些變化如何改變這個國家，乃至整個世界。

或許對你來說，這些例子有些過時，很難與你的日常生活連結起來。那麼，讓我們回到二十一世紀，看看一位當代藝術家的作品背景。

我想要的東西，一直都在我身邊？

我在邁阿密海灘長大，那時家裡只有一台黑白電視。當我和弟妹向父親要一台彩色電視機時，他總是聳聳肩，耐心地解釋說，我們不能買彩色電視機，因為我們只有黑白電視的電。我的母親更離譜，她說：當世界變成黑白時，我們就會得到一台彩色電視。很明顯，我們三個小孩很容易上當受騙，因為我一直去朋友家看彩色電視，一直到上大學。

大學一年級的時候，我和室友們坐在宿舍裡觀看我最喜歡的電影《綠野仙蹤》（*The Wizard of Oz*）。這是一部老電影，當然是黑白的。故事從堪薩斯州的桃樂絲開始，一陣龍捲風把桃樂絲的房子捲起來，把她吹到了矮人國。當她降落時（當然是砸在東方壞女巫頭上），絢爛的色彩忽然在螢幕上爆發，邪惡女巫的紅寶石鞋在屋下閃閃發光。

我驚呆了。我從來沒有看過這部電影的彩色版，我甚至不知道還有彩色版的存在，這讓我感到震驚無比。我突然意識到，儘管以前我聽說過紅寶石鞋、黃色磚塊路、不同顏色的馬，以及翡翠城，但在我看來，這些絢麗的色彩都被隱藏在顯而易見的（黑白）畫面下——這對這部電影來說是個十分恰當的比喻。

我想你已經知道故事情節：桃樂絲在堪薩斯州的家裡不開心，她的頭撞了一下，然後在矮人國醒來。因為砸死了壞女巫，桃樂絲成為英雄。然後她和小狗托托開始順著黃色磚塊路前進，沿途遇到了稻草人、機器人和膽小的獅子。最終，他們一行人來到翡翠城，他們的目標是找到偉大的奧茲國巫師，請巫師給予他們各自需要的東西：稻草人的大腦、機器人的心、膽小獅子的勇氣，以及桃樂絲和托托返回堪薩斯的單程票。

但巫師有個條件，要桃樂絲他們去打敗西方的邪惡女巫，而女巫被一群受到迷惑的士兵和可怕的飛行猴子保護著。此處就略過戰鬥細節，桃樂絲和她的團隊最終擊敗邪惡的女巫，讓士兵們從迷惑狀態中解脫，並回到翡翠城。隨後，他們發現巫師是個騙子（「不曾注意到的幕後人」）。儘管巫師有桃樂絲的同伴們所需要的東西：機器人的心形鐘、稻草人的文憑、膽小獅子的獎章，但他沒有辦法將桃樂絲和托托送回家。

這時，好女巫葛琳達出現了。葛琳達告訴桃樂絲，其實她想要的東西一直在她身邊，她只需輕點腳跟，不停重複「沒有比家更好的地方，沒有比家更好的地方……」就能回到家中。桃樂絲按照女巫說的做，只聽咔嗒一聲，她就被送回堪薩斯的家中。

然後她的夢就醒了。

不過，等一下。讓我們回到最後一幕，葛琳達告訴桃樂絲如何回家那裡。葛琳達不是好女巫嗎？重新看一遍這段情節，我敢打賭你也會懷疑她到底有多好。如果我是桃樂絲，我會大發雷霆：「這都是什麼鬼？！我想要的一直在我身邊？那我為什麼要跟三個怪胎一起穿越這個鳥不拉屎的國家，為什麼我要對抗獅子、老虎和大熊，還要被食人樹襲擊，被該死的飛猴追趕，差點在罌粟田裡吸入過量毒霧，還殺了兩個女巫，最後大老遠地跑回到這裡。而你告訴我，我想要的就在我身邊？這是什麼狗屁邏輯？！」

當然，電影《綠野仙蹤》是對生活的隱喻。電影的意思是告訴我們，我們應該對已經擁有的感到滿意，因為這就是我們真正想要的。為了防止觀眾不了解潛台詞，導演安排桃樂絲醒來時，站在她床邊的人與她在旅途中遇見的不同角色一一對應。

電影要傳達的訊息和本章內容一致：品牌代表的內容，就隱藏在顯而易見的地方。想要獲得答案，你只需要沿著黃色磚塊路走下去。

永不滿足的一代

過去，每當有人問你：「你昨晚有看電視嗎？她太搞笑了。」但如果你沒看的話，你很可能永遠也不會看到。畢竟，只有少數電視節目會重播一兩次，但如果你錯過重播，就永遠沒有機會了。

今天的情況則截然不同，你只需打開YouTube網頁輸入幾個字，就可以查看幾乎任何時間、任何節目的任何片段。這簡直太棒了，這表示你可以觀看二〇〇九年二月二十九日路易．C．K在柯南．奧布賴恩（Conan O' Brien）節目上的咆哮。[29]路易斯．C．K一直在談論當時的創新技術，但他的見解更為深刻。這位喜劇演員斥責那些抱怨手機上網速度不夠快的人，提醒他們訊號「必須到達太空並返回」。接下來，他模仿那些因為一點小事就抱怨現代航空業的旅行者，然後提醒他們：「你是坐在飛在空中的一張椅子上！」

路易斯．C．K的言論指出，驚人的科學技術普遍存在，但這些科技將如此多的人變成了自私自利的「即時世代」。

背景在藝術和娛樂領域之外，也具有巨大的影響力：在商界它同時是強有力的工具。汽車業的發展就是絕佳案例。

馬匹與車子的時代背景

偉大人物的想法總是相似的，不同的人經常在同一時間提出相同的發明。例如，許多發明家同時研製燈泡，最終湯馬斯・愛迪生（Thomas Edison）破解了電燈的奧祕並製造出第一盞可用的電燈。當馬可尼（Marconi）成功製造出無線電設備時，許多工程師也在研究無線電。許多發明家，包括魯道夫・迪塞爾（Rudolf Diesel）和戈特利布・戴姆勒（Gottlieb Daimler），同時創造了現代汽車，而由卡爾・賓士（Karl Benz）在一八八六年獲得第一項專利。在世紀之交之前，他每年生產將近六百輛汽車。這些創新者創造了現代汽車的「內容」。但亨利・福特（Henry Ford）搞定了「背景」。

在福特創造汽車的「背景」之前，老式汽車與現代汽車差別很大，倒是與噴氣式滑雪板有更多的共同之處。因為這些車輛是訂製的，價格非常昂貴，而且主要用作娛樂，而不是作為交通工具。

當時的問題是，沒有足夠的加油站，沒有足夠寬大平整的道路，也沒有足夠的修理廠或輪胎店為駕駛提供服務，所以汽車不可能作為日常交通工具。人們使用汽車外出遊玩，但來回距離不能超出油箱的容量。如果一輛汽車在外拋錨，通常沒有辦法修理，因為受過訓練的汽車修理工還不夠多。此外，由於汽車是手工訂製，零件無法在不同的車輛間互換，當然也沒有庫存。

亨利．福特意識到汽車業處境的兩難。他看到，除非汽車支援服務無處不在，否則汽車不會流行；但是，除非道路上有足夠的汽車，否則也不會有足夠多的人提供無處不在的汽車服務。福特的重大突破，是讓汽車價格降到大多數中產階級家庭都能負擔得起。擁有汽車擁的人越多，用戶所需的支援服務就會湧現。因此，福特開發了一系列創新生產技術，既降低了價格，又提高了銷量。

很多人都聽說過這麼個例子：福特的TS車型只有黑色的。為什麼沒有其他顏色可選？因為為了省錢，裝配廠只配一條油漆線；使用的日本黑漆是乾燥速度最快的油漆，可以幫助福特公司縮短生產時間。

福特還開發出許多其他省錢技術以及更多的產品，比如一九一三年第一條現代裝配線（美國第一個採用裝配線進行生產作業的，是一九〇二年奧斯摩比Oldsmobile汽車創辦人蘭塞姆・奧茨，而福特汽車選擇另外獨立發展裝配線生產方法），以及可互換零件的卓越進步。福特還想出了利用供應商降低價格的策略。福特是一個冷酷無情的談判者，他堅持對供應商的要求和規格，此舉幫助他的公司節省了一大筆錢，生產出更多便宜的汽車。例如，他要求供應商製作運送零件的棧板，某些要裁切成非常特定的尺寸。他的員工後來會拆卸棧板，將棧板木材磨光成木板條用於T型車。

但福特最重要的創新之處在於：運用他的遠見塑造未來。他明白，為了改變汽車的背景，他不能只是被動地生產汽車去滿足潛在消費者；相反，他必須創造出「新的現實」。就像他曾說過的：「如果我問我的客戶想要什麼，他們只會說『更快的馬』。」

巧合的是，二十一世紀最偉大的企業家之一、蘋果公司創辦人兼CEO史蒂夫・賈伯斯在一百年後的言論呼應了福特：「**人們不知道想要什麼，直到你把它擺在他們面前。**」他說，「所以你不能去問別人，下一件大事是什麼？」

當然，福特和賈伯斯的遠見卓識不止這一點。一九〇三年，密西根儲蓄銀行行長建議亨利・福特的律師不要投資福特汽車公司，他警告說：「馬永遠都會存在，但汽車只是一種新奇的東西，一種一時流行的怪念頭罷了。」一九七七年，就在蘋果推出麥金塔個人電腦的七年前，迪吉多電腦（Digital Equipment Corporation，DEC）的董事長兼創辦人肯・歐森（Ken Olson）在世界未來學會（World Future Society）上發表了這樣的談話：「人們沒有理由在家裡放一台電腦。」面對他們所輕視的新發明，這二人都只看到了「內容」，沒有看到「背景」。

一九〇七年，溫頓汽車運輸公司（Winton Motor Carriage Company）發表了一則廣告，標題是「放棄馬吧，省下養馬的費用、擔心與焦慮」（Dispense with a Horse and Save the Expense, Care and Anxiety of Keeping It）。這聽起來很奇特有趣也很過時，但將這則廣告放在今天依然有效。只要把「馬」一詞換成「汽車」，它就變成了租車軟體Uber的廣告：「放棄買車吧，省下養車的費用、擔心與焦慮」。

儘管Uber似乎在與出租車產業競爭，但實際上該公司的做法正在降低私家車的擁有量。當然，今天的Uber駕駛必須擁有自己的汽車，但這只是暫時的。隨著自動駕駛汽車成為常態，人類駕駛不再是Uber服務的一部分。如果你深入觀察Uber正在發展的技術，你會發現它不僅僅擅長運送乘客。Uber正在建立可運送一切產品的物流系統，而這部分的市場目前由其他公司使用不同技術提供服務。

溫頓汽車公司和Uber傳達訊息的關鍵，都不在於交通工具的功能：溫頓的無馬馬車，以及優步的私人共享汽車。作為被替代者，大部分的馬匹和汽車完全有能力將它們的騎士或駕駛從A點運送到B點。這兩家公司訊息傳達的重點是：交通工具的操作背景。他們使用非功能性情緒刺激影響用戶的使用意願，即養車或養馬的「費用、擔心與焦慮」。

說到交通工具，你還記得你第一次騎自行車的情景嗎？對我來說，一切都如昨天般清晰。

那天，一切都改變了

那天，我跳上了閃亮的藍色自行車——我的生日禮物。我與晃動的車把搏鬥、掙扎，努力讓車子沿著街道行進。我的父親一直緊緊跟著我，扶著車座，幫助我和自行車保持直立。有一天，我爸爸悄悄地放開手，讓我獨自騎行。我還毫無顧慮地沿著街道前進，忽然回頭一看，才發現他已經不在我身邊。當時他距離我已經有一個街區，喘著氣看著我越騎越遠。但最終，搖晃的車把和地心引力獲得勝利，我撞上了人行道。

三十年後，我教兒子丹尼騎自行車時，情況完全一樣。他和車把搏鬥，搖搖晃晃地走著，就像我三十年前一樣，他也在人行道上躺了一會兒。但沒過多久，丹尼就能完美地控制自行車，他的生活從此徹底改變。突然間，他可以自己去朋友家，也可以自己騎車去公園。他自由了。

幾年後，我教女兒游泳。阿里站在池邊，我站在離池邊一段距離的水中蹦蹦跳跳。她興奮地說：「準備好了嗎，爸爸？」然後小胳膊一揮，跳入水中。她的身後留下一串水泡，整個人沉入水底。阿里一直待在水底，直到我俯身抓住她，把她拉出水面。她長吸一口氣，大笑起來，然後尖聲喊叫：「爸爸，再來！」我們一遍又一遍地重複這個過程。幾個週末之後，阿里發現了漂浮的祕訣。她跳入池中，一路狗爬式游到我身邊。現在，她可以去朋友家參加游泳派對，在沙灘上沿著海浪跑，而不用擔心溺水。生活再也不一樣了。

古希臘人稱這是「關鍵的發現瞬間」，所有事物都會發生變化；麥爾坎．葛拉威爾（Malcolm Gladwell）稱其為「引爆點」——是一種瞬間發生的催化機制，為你帶來清晰的新世界視角、機會和可能性。離開父母親的幫助獨自騎行，在水面上游動，這都需要放手一搏以及一些新技能。在騎車和游泳這兩種情況下，找出違反直覺的解決方案，會讓一切都變得不同，它會改變一切。

建立「以顧客為中心」的品牌也是這樣。一旦你創造了一個引人注目的品牌，你就達到了自己的臨界點，一切都將變得不同。關鍵是，你要如何做到這一點？這就是品牌打造過程中違背直覺的地方——就像騎自行車或在游泳池裡游泳一樣——你需要新的技能。

大多數人都會不停地談論自己的產品：零售商有多少家門市；電腦如何強大；公司的生意做了多久等等。問題是，除非對你的產品或服務感興趣，否則沒人關心這些事情。正如狄奧多・羅斯福（Theodore Roosevelt）所說：「在知道你有多在乎之前，沒人在乎你知道多少。」

如果你不想去一家餐廳，就不會在乎他們有多少種葡萄酒；如果你不想穿一雙跑鞋，就不會在乎它有多便宜。你不會關心有多少律師為一家你沒聽過、也不打算合作的事務所工作。你不會在乎一輛你永遠不會開的車的油耗，也不會在乎一件你永遠不會試穿的西服是否合身。

很多人都有這樣的誤解：所有的產品屬性對性能和滿意度都是至關重要的。這就是所謂的「相信的理由」（reasons to believe），只對那些對你產品感興趣的客戶有效，對不感興趣的潛在客戶則無法產生任何興趣和影響。

你的產品或服務的真正價值，是建立在產品／服務的操作背景上。學會騎自行車並不是為了了解齒輪比或車輪直徑，而是為了自由。畢卡索的雕塑不是將兩塊垃圾巧妙地銲接在一起，而是評論西班牙社會的轉型。路易・C・K的咆哮也不在於手機上網速度或飛機飛行速度，而在於這些技術幫助我們實現的目標。

將情感訴求與功能收益分離，可以在不改變營運效率的前提下增加產品和服務的價值。要做到這一點，最好的方法之一就是成為「SPOC」。

你是一個SPOC嗎？

我的房貸公司犯了個錯誤。出於一些奇怪的原因，他沒有記錄我的風災保險證明文件，且居然又為我家買了一份風災保險。我住在邁阿密，經歷過幾次毀滅性的颶風，所以風災保險對這裡的人來說很重要。由於該地區的風災歷史，房貸公司對風災保險的金額和類型有極其嚴格的要求，因為他們必須保護他們的房子和資產。正如你所預料的，南佛羅里達的風災保險十分昂貴。更糟糕的是，如果這是強制購買的保險，銀行在不考慮成本的情況下為你代辦時，就會變得極其昂貴。所以，當我打開房貸公司的通知信時，我對他們犯的錯誤感到驚訝，對風災保險的購買金額感到震驚。

但我並沒有打電話給房貸公司來糾正這個問題，因為我知道這意味著沒完沒了的電話等待，以及要和一堆不關心你的人談話，填寫大量的表格和文件，然後傳真、傳真，再傳真，只是為了證明我已經有買保險。相反，我只是掃描了銀行寄給我的文件，然後用電子郵件把它寄給我的保險代理人，並在郵件底下寫了一句話：「請幫我處理一下這個，謝謝。」

他的回答既簡短又溫暖：「不用擔心，我會處理。你沒必要參與進來。祝你今天愉快。」

我的保險代理人就是我的SPOC。

我的妻子葛洛莉雅（Gloria）是一位非常忠誠且有才華的醫護工作者。她在一家醫療機構的門診工作，那裡的醫生對病人非常關心。她的診所為病人提供保持健康的一切服務——從各種需要的檢查到精心的治療，以及其他需要的所有東西。當病人的病症或需要的治療手段超出診所的服務範圍時，他們也會盡力將病人轉介給最好的專家；此外，診所醫生還會繼續跟進，以確保病人的病情得到妥善治療。

與那些需要等候幾個小時，然後由一位急匆匆的醫生檢查十五分鐘就結束的診所不同，我妻子的診所是一片寧靜的綠洲，預約的病人能夠立即接受問診治療。她和診所裡的醫生們盡可能地花時間和病人在一起，盡一切努力幫助他們解決健康問題。

我妻子診所的同事們可能不知道，但他們也是SPOC。

當一輛汽車在路邊拋錨時，大多數人都會打開引擎蓋，盯著引擎，徒勞地尋找問題所在。然後，他們要麼打電話給汽車協會（Triple A）救援隊，要麼打電話找本地拖車，將他們的煩惱丟給汽車技工和維修帳單。

我的一位朋友邁克，當他的車拋錨時，他沒有這麼做。他打電話給當初賣車給他的推銷員。邁克的推銷員不僅派了一輛卡車和一名技師去接邁克，而且還安排了一輛備用車給他，方便他繼續工作。

邁克是一位非常成功的連鎖企業家，他所有的賓士車都是從當地經銷商買下或租賃的。當我說「他所有的賓士」時，我的意思是非常非常多的車。邁克告訴我，他之所以鍾情這位賓士經銷商，是因為這位經銷商照顧到他所需要的一切。他知道這裡的價格十分公道，他還知道他的任何需求都會得到迅速處理。對經銷商來說，邁克是一位特別忠誠的高價值客戶，另一方面來說，這讓邁克得到很高的客戶服務品質，足以使該公司與其他一般經銷商有所區別。邁克的銷售人員明白，邁克從他們那裡購買的不僅僅是賓士的性能或地位，還有該公司提供給他無憂無慮的使用體驗。

邁克的賓士車銷售人員和經銷商就是ＳＰＯＣ。

在這個用滑鼠點選一下就能獲得產品訊息和價格的時代，你真沒有什麼獨特的選擇來發展你的業務。當然，你可以降低價格，人們肯定願意和你做生意，因為你太便宜了，但這並不是健康的公司經營方式。你可以提供一些別人沒有的東西（專業、專利程式、無與倫比的位置、特殊的軟體，或者規模優勢）。你也可以開發一個品牌，為你的產品增加價值。

但是當你做這些事情的時候，你可以像我的保險代理人、我妻子的診所、邁克的賓士經銷商一樣，成為一個ＳＰＯＣ，讓你的客戶永遠沒有機會打電話給你的競爭對手。

ＳＰＯＣ是個縮寫，意思是「單一接觸點」（single point of contact）。透過為消費者提供滿意且全面的服務，ＳＰＯＣ創造了一個強大的真空，沒有競爭的空間。藉由成為單一接觸點，ＳＰＯＣ們用「以顧客為中心」的方式展現出他們的價值。

我不需要和那些不斷找上門的保險公司接觸，因為我知道，我的家庭和資產不僅得到了很好的保障，而且我不必動一下手指就能實現。我的保險SPOC致力於建立這種信任關係，他甚至解決了並非他造成的問題，比如房貸公司犯的錯誤。他很了解我，知道我對幕後的事情不感興趣，所以他不需要為我留下努力做了大量工作的印象。他只需要說：「不用擔心，我會處理。你沒必要參與進來。祝你今天愉快。」就能讓我十分滿意。

獲得SPOC的位置並不容易，這並不適合懶惰或膽怯的人。但這是一種非常有利可圖、永續性的企業經營方式。在這不斷變化和動盪的時代，這是一個非常強大且有利的位置。

SPOC是一個強大的「以顧客為中心」策略，因為它會告訴你的客群，你企業的存在就是為了讓他們生活得更好。就像畢卡索雕塑和福特的汽車廠一樣，這一策略專注於消費者所處的背景，並以一種積極、難忘的、令人十分滿意的方式，將消費者的所有注意力都吸引到你身上。

就像學游泳或騎自行車一樣，學會讓你的品牌「以顧客為中心」，可以改變一切。一旦你學會了，你的世界就會大有不同。

雞皮疙瘩時刻

埃德加・愛倫・坡（Edgar Allan Poe）在《告密的心》（*The Tell- Talee Heart*）中描述心煩意亂的凶手了解「鷹眼」老人（受害者）的感受時，愛倫・坡藉由描寫身體的感受，來設定相應的情緒感覺。他使用了一些合成詞，如脊柱刺痛（**spine-tingling**）、背痛腰斷（**backbreaking**），讓我們對情節有更深入的理解。因為我們不僅透過這些詞了解字面含義，還感受到了作者試圖傳達的情感。

你肯定聽別人說過「在他們的直覺裡就是知道一些事」；潛在的危險讓他們「脖子後面的寒毛都立起來了」；吃驚時「眼珠都要掉出來了」；或者「心臟快跳出胸口」。

除此之外，身體的感覺可以讓體驗更加深入，讓我們更有臨場感。這些感覺也豐富了我們的理解，並以一種非理智的情感來強化它，這是僅憑理智思維無法享受到的。

行銷人員也會運用身體感覺來讓我們對廣告產生反應。助消化的發泡錠產品Alka-Seltzer的經典廣告詞就是：「我不敢相信我吃下了這些所有的東西。」並將消化不良產生的噁心感覺與兩種抑酸劑溶於水中的舒緩汽化聲進行比對。漸凍人協會的ALS冰桶挑戰[30]，將朋友間令人不那麼舒服的娛樂挑戰與社群媒體的公益結合在一起，並錄製挑戰影片在網路傳播，最終協會在全球籌集到二・二億美元。可以說，冰桶挑戰這則廣告的效果史無前例，對比發起挑戰的前一年，ALS協會僅收到二百五十萬美元的捐款。

這種啟發性的感覺——當身體感覺到並引發更深層次的享受以及參與時的刺激感——被稱為「**雞皮疙瘩時刻**」(goose bump moment)。這正是比賽獲勝、交易達成時的感覺。即使你想晚一點再做出選擇，「雞皮疙瘩時刻」也會提醒你，這就是你要購買的商品。你手臂上的雞皮疙瘩（或者脖子後面的寒毛豎立）是一種催化劑，促使你對剛剛的體驗進行定義。

這些一閃而過的感覺不僅加深了你對這一刻的感受，而且還創造了可以重複體驗的記憶。例如，在婚禮上說「我願意」，聽到孩子說出的第一個詞，或者在迪士尼恐怖塔中的嚇人遭遇，都會深深地銘刻在我們的記憶中。與此同時，這些感受也會永遠依附在我們體驗這些品牌的價值上——無論是我們的婚姻、孩子，還是迪士尼世界之行。

不過，「雞皮疙瘩時刻」不僅僅只發生在重大事件中。**任何時刻，身體的感覺都能幫助我們定義體驗**。這也是為什麼蘋果公司花費那麼多時間設計點選起來十分舒適的鍵盤；為什麼凌志（Lexus）豪華轎車的車門可以毫不費力又帶有滿足感地「砰」一聲關閉；為什麼Edy家的冰淇淋要攪拌得像奶油一樣細膩，沛綠雅（Perrier-Jouët）要讓天然礦泉水起很多泡。

這也是為何諾德斯特龍高檔百貨公司（Nordstrom）的銷售員要走出收銀台把商品送到你手上；為什麼電子菸在吸食時會發光；為什麼哈雷戴維森（Harley-Davidson）摩托車的油門聲如此響亮，而特斯拉（Teslas）的電動汽車卻安靜無比。理由很簡單，讓我們無法停止玩泡泡包裝紙的就是這個「雞皮疙瘩時刻」。

雖然這些產品的體驗各有不同，但它們的基礎技巧都是相同的：它們都激發了我們的感官刺激。有些產品會加強特定感覺來刺激購買，如塔巴斯科辣椒醬（Tabasco）火辣辣的感覺，「地、風與火」樂團（Earth, Wind & Fire）歌曲中沉重的貝斯，但感官的刺激往往與產品的功能沒有直接關聯。例如，關車門「砰」的一聲，向潛在買家展現的是堅實的車身和優秀的品質。

有些「雞皮疙瘩時刻」的創造既費時又昂貴，就像勞斯萊斯（Rolls-Royce）在

「幽靈」雙門跑車的內裝中，星光頂篷是把一千三百四十個光纖燈泡精心安裝在一．二萬美元的皮革上[31]；有些則容易得像是在你的早餐蛋捲上撒滿調味醬或海鹽。

說到食物以及由嗅覺和味覺產生的「雞皮疙瘩時刻」，這裡有個簡單方法可以加強你的日常相關體驗。眾所周知，氣味能增強食慾、愉悅感官。因此，你只需要將少許磨碎的豆子和肉桂混合在一起，放在咖啡機、辦公室或商店內，就能為顧客和員工創造出一個強大的「雞皮疙瘩時刻」。

肉桂如今是常見的食品之一，但是它的作用十分強大，有著迷人又引人入勝的歷史。它不僅有助於控制第二型糖尿病患者的血糖，測試後還發現它對膽固醇和三酸甘油脂有積極的影響。其他研究顯示肉桂可以減輕頭痛，幫助受測試者集中注意力。嗅覺科學家甚至相信肉桂的氣味能產生興奮的感覺。

但在中世紀的歐洲，肉桂是一種罕見、高貴身分的象徵，因為它具有保存肉類以及掩蓋腐爛氣味的獨特能力。葡萄牙人征服錫蘭（現在的斯里蘭卡），就是為了控制這種香料的生產和進口。哥倫布甚至向伊莎貝拉女王保證，他在新大陸發現了肉桂，但事實證明他是錯的。不管歷史如何，在商店或辦公室中使用這種香料，是創造「雞皮疙瘩時刻」的一種簡單又經濟的方式，說到這方法，我想給大家看我朋友蘇林．蒂勒曼（Soren Thielemann）——一位非常有才華的藝術總監寫給我的信：

> 早上好，布魯斯。我在勞德代爾海邊的一家小咖啡館裡，他們的門把讓我感覺非常有意思。他們將原來的門把卸了下來，裝上一個麵包師的攪拌棒。多有趣啊！我還沒有品嚐他們的食物和咖啡，但我已經喜歡上這個地方了。這就是第一印象和創意的力量。

我欣賞的不只是門把，還有創作與分享的樂趣。這個小小的創新不僅是咖啡館的有趣介紹，同時還說明了在商業環境中創建一個強大的「雞皮疙瘩時刻」可以多麼簡單與經濟。快樂是一件可以分享和享受的小事，但是我們似乎很難騰出時間去製造快樂，尤其是在商業環境中。然而，當它經過我們的生活時，我們會深情地將它記住。

我還記得在一家餐館排隊等三明治的時候，一位廚師從廚房裡走出來，遞給我們裝滿免費熱湯的小紙杯。我還記得在優勝美地（Yosemite）馬術中心，當我妻子和孩子們興高采烈地騎著馬時，一位長得像演員威福・伯明萊（Wilford Brimley）的人指引我走到湖邊去看書。（我這輩子騎過兩次馬——第一次也是最後一次！）

我記得文斯．吉爾（Vince Gill）的歌曲〈珍妮夢見火車〉（*Jenny Dreamed of Trains*）的最後，吉他手把伊莉莎白．科頓（Elizabeth Cotton）的歌曲〈貨運列車〉（*Freight Train*）的旋律偷偷合進了獨奏中。

這是一種優雅的姿態，卡津人（Cajuns，移居美國路易斯安那州的法人後裔）稱之為「商店給顧客的小贈品」（lagniappe），它能將普通的日子變成一個值得紀念的事件，並創造「雞皮疙瘩時刻」。就像你在爆米花盒子（Cracker Jack box）裡發現小玩具的驚喜；就像電影《麻雀變鳳凰》（*Pretty Woman*）中，男主角李察．吉爾蓋上珠寶盒時，女主角茱莉亞．羅勃茲臉上的會心微笑；就像隨iPad贈送的《小熊維尼》（*Winnie the Pooh*）繪本；就像風雨過後的彩虹；就像在一條舊褲子裡找到的美鈔；就像播放披頭四（Beatles）的《艾比路》（*Abbey Road*）專輯時，〈最後〉（*The End*）（聽到這時你已經因為專輯的介紹而感到失望）這首曲子結束後的十四秒又響起了〈女王陛下〉（*Her Majesty*）。

快樂往往是輕鬆、免費的，而且幾乎總是出乎意料的。當事情讓人心情低落時，它們似乎就會出現（在擁擠的飛機上，在一場沉悶潮濕的雷雨之後，在披頭四專輯的最後一首歌之後等等）。

小小的快樂很難創造，但很容易識別。最重要的是，它們是提供消費者滿意度、鼓勵消費者重複體驗的最低廉方法。

運用身體感覺來增強產品或服務的體驗，是一種可行的方法。你可以使用一些小小的快樂和「雞皮疙瘩時刻」來建立自己的品牌價值。

語言的力量

藍迪．蓋奇（Randy Gage）教會我如何進行主題演講。他的重點是：主題演講是你想讓聽眾去理解、跟隨、學習的單一想法。蓋奇的論據是，「主題演講」（keynote speech）這個詞已經準確解釋了演講的模式：傳達單一訊息——圍繞一個主題的演講。若你有機會親身見識，會更清楚。

每週我都有幾次機會出現在梅麗莎．法蘭西斯以及福斯商業頻道的電視節目中。因此，我的朋友們一旦有上電視的機會，他們就會尋求我的幫助。我不是做媒體培訓的，但是參加了足夠多的相關培訓，也參加夠多的電視節目，所以有時我能提出一些有用的建議。

隨著參加節目的增多，我開始明白一件事：無論是哪個節目，主持人／採訪人（interviewer）都代表著觀眾（viewer）自己。當廣告商只關心美國中產階級時，主持人強尼・卡森（Johnny Carson）卻代表了廣大的一般觀眾。賴瑞・金（Larry King）能夠吸引如此多觀眾，因為他是一個「普通人」（和我們一樣，只是個笨手笨腳的人），會對採訪的名人感到敬畏。歐普拉・溫芙蕾（Oprah Winfrey）代表了一個新興的觀眾群——非洲裔美國人和女性。

安德森・古柏（Anderson Cooper）看起來還很年輕，吸引中年觀眾，他一頭的灰髮讓我們這個年齡層的人更有親切感。比爾・歐萊利（Bill O'Reilly）的品牌本質與觀眾們的需求最為一致——他經常粗暴地評論來自大城市、受過高等教育的來賓，這是他的觀眾想做又做不到的事情。此外，我的朋友梅麗莎・法蘭西斯十分熱情和親切，她總是讓來賓表現得聰明機智（只要他們做好功課，並且說實話）。

藍迪・蓋奇的說法我原本沒感覺，直到我在鏡頭前超過一百次，我才能體會。根據蓋奇的見解，interviewer（採訪人）這個合成詞的組成就說明了它的作用：字首inter-的意思是「在……之間」，view的意思是「看，看待」。所以說，interviewer（採訪人）就是來賓與觀眾之間的過濾器。

Onomatopoeia（擬聲詞）的特點是，它的發音與本意十分相似，如嘶嘶、喀嚓等等。廣告商十分善於運用擬聲詞這個記憶術，最經典的就是Alka-Seltzer發泡錠的廣告：「撲通、撲通、滋滋、滋滋，真是令人舒緩。」你不僅聽到了這些詞，你還聽到了藥片入水的冒泡聲音，這讓你感覺更好、記憶更深。

除了keynote（主題）和interviewer（採訪人）這樣的合成詞，我們還有很多特殊的詞，這些詞的發音與其本意似乎並不相關，因為它們是由代表其意義的詞根組成。為了能更理解Onomatopoeia（擬聲詞），我找了它的定義。維基百科描述它為「不偏離其意思的詞」，這就解釋得通interviewer（採訪人）的意思了。

文字語言的本意與表達之間的關係有時並不明顯。例如，我們經常使用aesthetic（美的，美學的）和anesthetic（麻醉的；麻醉劑）這兩個詞，卻從沒注意到兩者之間的關係。aesthetic（審美）是指使感官的愉悅，anesthetic（麻醉）則指關閉或抑制感官。在詞根esthetic——意思是「關注美或欣賞美」——前面加上字首「a」或「an」，就精確表達出與感官相關的意思。

當然，很多英文詞句從字面上看並不積極。有多少房地產經紀人（real estate brokers）建議他們的客戶破產（broke）?·有多少顧問（consultants）願意被別人稱為「騙子蘇丹人」（sultans of cons）？我們沒有看到隱藏在這些詞後的負面訊息，這也是件好事。對我來說最吸引人的部分，是這些含義就隱藏在顯而易見的地方（詞語裡）。它們能豐富我們的談話，幫助我們樹立自己的品牌。尤其是在我們講故事時，這些詞語的含義更具影響力。

除了前面說的這些，還有另外一種創建「雞皮疙瘩時刻」的方法，它的威力和辛辣的味道、動人心弦的音樂一樣強大，那就是：故事銷售。

智囊團

我坐在佛羅里達州諾瓦東南大學（Nova Southeastern University）商學院的大型行政會議室裡。和我在一起的，大部分都是策略論壇（The Strategic Forum）的企業家成員們。

每隔三個星期，我都會在週五早上七點開車到羅德代堡（Fort Lauderdale）參加論壇的月會。這個論壇是由大約四十五名企業主和CEO組成的專業團體，大家聚在一起分享想法，互相幫助，聽取每期來賓的演講。當然來賓也都是不同領域的商業領袖。會議的結構很簡單。首先，所有成員都要花上一兩分鐘進行自我介紹，對自己的業務進行簡單闡述。然後，來賓們每人要花十二到二十分鐘來介紹自己並講解自己的生意。

我們會請來賓談論三件事：(1)他們的路程，即他們如何到達今天的位置；(2)他們的業務，以及他們看到產業和世界都發生了什麼；(3)我們的團隊如何才能幫助他們實現他們的目標。

在這一年裡，我們發起了一個非正式的「迷你會議」，會上有七到十個成員聚在一起共進午餐和談話。一名成員會在「迷你會議」上尋求具體的建議，或者請他人幫忙審查新的商業計畫。這個小團隊的美妙之處在於腦力激盪，以及殘酷的實話實說——只有真正的友誼和渴望見到他人成功才會說出口的。我們每年發起兩次社交雞尾酒會，此外每年還會安排一次度假會議，整個週末小組成員都待在一起，傾聽偉大演講者的演講，加深彼此之間的了解。

我們還與諾瓦東南大學商學院MBA課程的優秀學生分享我們的會議。他們坐在會議室裡旁聽，有機會的話還可以向小組介紹自己、展示自己的履歷。我們透過提供導師、獎學金計畫和學生們合作，會後還會討論學生們如何能從小組中受益。令人印象深刻的是，一位MBA學生在幾年前作為來賓向我們協會介紹了他的公司，然後加入學生小組。此前，他創辦了一家非常成功的企業，然後決定回到學校攻讀碩士學位；現在，他已經成為正式成員坐在大桌子旁了。

策略論壇並不是我的主意，是由《機會磁鐵》（*The Opportunity Magnet*，書名暫定）的作者傑夫．梅謝爾（Jeff Meshel）在紐約創立該論壇最初的團隊[32]。梅謝爾的口號是積極開發「平台的力量」，建立一個成員高度專注於互相幫助的組織。在參加完一次紐約會議後，我的老朋友兼客戶塞斯．沃納（Seth Werner）將這個小組擴大到南佛羅里達。當然，策略論壇不是第一個以明確的相互幫助為目的、將成員們聚集在一起的商業組織。類似這樣的團體已經存在相當長的時間。據我所知，這個概念可以追溯到拿破崙．希爾（Napoleon Hill）在一九三七年的暢銷書《思考致富》（*Think and Grow Rich*）中提出的「智囊團原則」。希爾並沒有聲稱是自己想出這個主意；相反，他說這是他經歷或見證過的最佳方法。

雖然一開始我並沒有預見到，但策略論壇已經是我職業成功和個人幸福的重要構成要素。十二年前，當我被邀請共同創辦佛羅里達論壇時，我純粹是出於利益才加入：我認為它能幫助我結識潛在客戶，尋找新的業務。

當然這些目的確實達到了，我從策略論壇中獲得的回報非常好。我的廣告公司透過會員的公司或會員介紹，獲得了數十萬美元的生意。但這個論壇在最初開始時，我沒想到它能為我帶來腦力上的開拓和豐厚的友情。小組成員和來賓的精采演講可以讓我興奮好幾週；更棒的是，我和其中一些超凡人物成了密友。除我之外，策略論壇的其他成員也很享受這種商業關係和個人友誼，甚至還有人從中得到了幸福的婚姻。

會議結束前的時間，是整個會議最有意義的部分。當來賓們結束演講後，我們會在會議室裡轉上一圈，相互交換這個小組的實質交流：衷心的感謝。每個成員都感謝其他參與者在過去一個月中提供的幫助。喬感謝金姆幫助他開拓了商業領域；比爾感謝帕布羅幫助他審核一份知識產權合約；貝基感謝伊馮娜推薦了一位腫瘤學家，並運用她的人際關係幫助自己的女兒獲得更快的醫療預約（我們是個機密組織，名字和內容都是虛構的）。這就是梅謝爾說的「平台的力量」。

策略論壇的來賓都是當今的商界領袖。來演講的有美國大型航空公司創辦人和CEO、億萬富翁開發商、頂尖醫學專家，甚至是美國最高法院法官。我們也有幸聽取了工程師、零售商、顧問、製造商，以及你所能想像到的大多數商業和商業部門代表們的意見。他們的故事都很吸引人，但是他們的表達技巧並不總是像他們的地位和成就那樣好。這些成功、有能力的商人們克服了巨大困難，成功建立自己的公司，並對世界有積極的影響，但演講時卻如此的詞不達意，這讓我驚訝不已。

請別誤會我的意思，我們所有的來賓都說得很好，都很能掌控他們想要分享的訊息。問題是，他們當中的許多人沒有弄清楚：最好的故事重點不是故事本身的主角（即演講的企業家自己）；重要的是，這些故事如何與聽眾的生活和願望產生共鳴。也就是說，當我們聽企業家講述自己的成功經歷時，我們真的希望這個故事和我們有連結，故事中的訊息可以讓我們運用到自己的生活中。我們正尋找這個「英雄的旅程」。

故事銷售

美國神話學家兼作家喬瑟夫・坎伯（Joseph Campbell）以其歷史典故和神話理論而知名。他的「單一神話」理論認為，世界上所有的偉大神話和故事都只是一個神話的變體[33]。坎伯甚至將他的理論擴展到我們對上帝存在的信仰或懷疑。他說：「上帝是一個神祕的隱喻，超越人類所有的思想範疇，甚至超越了存在和不存在的範疇。這些都是思想的範疇。我意思是就這麼簡單……因此，世界上一半的人是宗教人士，他們認為這些隱喻是事實，我們稱之為有神論者。另一半是認為隱喻不是事實，這些都是謊言。他們是無神論者。」

坎伯的作品探索了整個歷史和不同文化中的神話，從而得出結論：大多數神話故事都遵循著相同的模式。在他一九四九年出版的《千面英雄》（*The Hero with a Thousand Faces*，書名暫譯）一書中，坎伯將這種模式命名為「英雄的旅程」。這段旅程既確立了神話的力量，也確立了人們的理解與身分認同（我想補充的是，公司和品牌也是如此）。

坎伯的「英雄之旅」包含十二個可複製的步驟，這些步驟構成一個範本，在成功創造英雄的同時，也加強了觀眾的理解。

第一幕：啟程

1. 平凡的世界。介紹英雄（現在還只是主角）的生活環境。為觀眾提供對英雄的全面理解，以及他的成長歷史和文化等等。同時，我們也了解到英雄心中的不滿或厭倦感，這預示著他的轉變。

2. 冒險的召喚。我們目睹了一些事件的發生，這些事件要求英雄站出來，創造自己的歷史。

3. 拒絕召喚。無論是我們的英雄自己，還是他身邊的其他人，都對英雄是否能夠承擔召喚的任務表示懷疑。

4. 尋求導師幫助。我們的英雄會遇到一個更聰慧的角色或力量（來自外部或內部），為英雄提供其所需要的知識和眼界（無論英雄當時是否接受）。

第二幕：出發

1. 離開家門。英雄離開舒適的環境，開始未知的旅程。

2. 考驗、盟友和敵人。我們的英雄反覆經受考驗，學習該信任誰，遠離誰。

3. 危險接近。英雄和他的盟友為行動或戰鬥做準備。

4. 痛苦。英雄面對並克服他最大的恐懼或弱點，通常在第一步就有相關伏筆。在經歷了磨難和勝利之後，英雄有了新的理解。

5. 獎勵。英雄從克服磨難中獲益，但也有失去戰鬥成果的風險。

第三幕：返回

1. 歸來。英雄回到他原來的生活環境，帶著從磨難與戰鬥中學習到的智慧、經驗與心得。這裡往往以追逐場面或與時間賽跑來達到高潮。
2. 復活。英雄再次受到挑戰，這是一個比最初考驗還要難十倍的嚴峻考驗。透過在這個挑戰中獲勝，英雄徹底解決了旅程開始時的衝突。
3. 帶著靈丹妙藥回來。我們的英雄已經徹底改變，他們要麼返回家園，要麼繼續旅程。同時，英雄以自己改變的方式改變身邊的世界。

根據坎伯的理論，人類使用這個範本創造出歷史上所有的故事，並用它來解釋未知事物，幫助聽眾理解世界。著名故事包括《星球大戰》（*Star Wars*）、《魔戒首部曲：魔戒現身》（*Lord of the Rings*）和《駭客任務》（*The Matrix*）等熱門電影都遵循坎伯的「英雄之旅」模式。坎伯發現的模式不僅僅讓宗教和娛樂受益匪淺，同時讓企業創造了屬於自己的神話（關於創辦人與產品的），讓消費者更加理解並渴望它們的產品與服務。

將企業家史蒂夫・賈伯斯的人生故事與坎伯的「英雄之旅」範本進行比較，你會發現它完全符合這一結構（不管書和電影裡講的故事是真是假）。

在第一幕，賈伯斯的平凡世界是他從小長到大的美國加州。冒險的召喚發生在尼泊爾的山脈以及美國俄勒岡州的蘋果園。他的導師是惠普（Hewlett-Packard）的比爾・休利特（Bill Hewlett）、百事可樂（Pepsi）的約翰・史考利（John Sculley）、他的同事史蒂夫・沃茲尼克（Steve Wozniak）及其他技術夥伴。

在第二幕，賈伯斯經歷了考驗，他的Apple I、II、Lisa三款電腦銷售不佳，最終被他自己創辦的公司開除。但他堅持使用在Lisa學到的教訓，成立了NeXT和皮克斯（Pixar）。

在第三幕，賈伯斯回到了蘋果，用他的新知識獲得一連串驚人的成功，包括Mac、iPhone、iPad、iTunes、蘋果商店等。

就像耶穌、歌手吉姆・莫里森（Jim Morrison）、約翰・藍儂等人一樣，史蒂夫・賈伯斯在他權力的巔峰時期去世，這是偉大英雄故事的典型結局。美國演員詹姆斯・狄恩（James Dean）的名言「快活早死，留下漂亮屍體」，就是他們故事的精確寫照。

透過坎伯的「英雄之旅」，我們可以更好地理解歷史上的寓言、故事和電影，但他的十二步驟對於想創造自己神話的人來說，還是有些煩瑣。在這裡，我推薦幽默作家比爾·史坦頓（Bill Stainton）的《傻瓜書》（*Hero's Journey for Dummies*）。

傻瓜的英雄之旅

比爾是一位獲得艾美獎二十九次的電視製片人和幽默作家，曾為HBO、美國國家公共電台（NPR）以及《傑·雷諾今夜秀》（*The Tonight Show with Jay Leno*）撰稿。我很幸運能在拉斯維加斯的全國演講者協會大笑實驗室（National Speakers Association Laugh Lab）中認識他，這是一個半年一次的活動，旨在教導專業演講者們如何在講台上使用幽默技巧。

比爾首先介紹了坎伯的「英雄之旅」，並向我們說明這對演講者的巨大幫助。由於他在電視方面的豐富工作經驗，他明白坎伯的經典範本對大多數人來說耗時過長，無法完整地在日常工作中運用。於是他向我們示範他的精簡版本，只需要三個步驟，被簡約地命名為「開始」、「中間」和「結束」。

在「開始」中，你介紹你的英雄，並將其置於危險、不舒服的或不愉快的境地。這部分應該占整個故事的二〇%到二五%。重要的是確保你能吸引聽眾們的興趣。所以，不要說「我在做飯」。你可以說，「這是我第一次見我未婚妻的父母，不能出問題」或者「我剛剛邀請了最重要的客戶來吃晚飯，一切都必須完美無缺」。

接下來是「中間」，你要「向你的英雄扔石頭」，讓他經歷「糟糕時刻」。這部分應該占故事的五〇％。

最後「結束」。在這裡，你讓英雄脫離困境，結束這個故事。比爾列出五個步驟，可以幫助你建構故事：

1. 問問題。不要問發生了什麼事，有什麼趣事可以分享之類的。你要問什麼時候事情會出錯。透過這個問題，你可以找到一個基本的主題，並開始發展你的神話。

2. 平實地敘述你的故事，不要美化，你只是在傳達聽眾為了獲取更深層理解而需要的訊息。

3. 豐富你的故事（如同比爾說的，「種下混亂」）。這是一個引爆點，讓英雄的處境急轉直下。例如：「我摔倒在地上，心臟停止跳動。」、「那時我才發現我的父母沒有結婚。」、「律師告訴我，我們的專利還沒有申請。」

4. 接下來，你需要升級衝突（用比爾的話說，「收集石頭，扔向你的英雄」）。在這裡，你不斷地堆砌壞消息，讓英雄似乎沒有脫離困境的可能，更別說獲得勝利了。

你可能沒有意識到，這種套路你其實已經見過很多。重新看一遍達斯汀．霍夫曼（Dustin Hoffman）在《窈窕淑男》（*Tootsie*）中的角色，你會看到編劇如何隨著劇情的發展不斷增加這個角色的負擔。湯姆．克魯斯（Tom Cruise）在《保送入學》（*Risk Business*）中飾演的角色、馬修．柏德瑞克（Matthew Broderick）在《蹺課天才》（*Ferris Bueller's Day Off*）的角色，以及比爾．莫瑞（Bill Murray）在《今天暫時停止》（*Groundhog Day*）中的角色，都經歷過相同的情境。回到本書第一章，你會看到我的簽書會是如何變得越來越糟（敏銳的讀者會意識到，我也是根據比爾的範本建構出這個故事）。

這一部分的關鍵不僅僅是不斷堆積麻煩，你還要將各種麻煩無縫銜接起來。如果你能夠設定一塊飛來的石頭是另一塊石頭帶來的，這最好不過了，因為如此可以幫助你加深聽眾的記憶。

5.最後，打包你的故事，為它打上一個蝴蝶結，讓你的聽眾們帶回家——說明你的英雄學到什麼，如何改變了他，以及你的聽眾們如何從這段經歷中受益。

這樣做，你不僅有機會告訴潛在客戶為什麼他們應該和你做生意，而且你也給了他們一種方法，讓他們能夠向周圍的人解釋你的產品或服務。一個有娛樂性的故事，不僅能吸引他們的注意，讓他們更容易記住你的話，而且還能讓他們興高采烈地重複你的故事。

如果你聽到你的故事在熱情聽眾口中一點一點地誇大，不要驚訝，這就是比爾說的「橡皮泥效應」（Silly Putty Effect）。

還記得小時候玩的橡皮泥黏土嗎？你打開報紙，找到自己最喜歡的漫畫角色，然後將橡皮泥覆蓋在上面，用拳頭拚命敲打，然後再小心翼翼地取下來。報紙的油墨會黏在橡皮泥上。這樣，你就有一張印著卡通角色臉孔的橡皮泥餅。你可以扭曲或拉伸它，讓上面的臉變得滑稽可笑。你不斷拉伸，圖像變得越來越有趣，直到你最終將它撕成兩半。

你的故事就是這樣。如果你的故事講得很棒，聽眾就會重複你的故事，就好像使用橡皮泥複製它一樣。他們會無意識地嘗試拉伸、改變你的故事，他們想知道在故事破裂前能誇大到什麼地步。

重要的不是他們誇大和美化你的故事；重要的是他們把它變成自己的故事。在複述時，他們不僅向別人介紹你的想法和你的品牌，而且還在幫你宣傳和推銷。透過複述，你的聽眾創造出自己的背景，為你的故事添加了自己的個性，並讓它成為自己世界觀的一部分。

這就是由「故事講述」神奇地轉化為「故事銷售」的過程。

將十分鐘演講變為一億美元的生意

還記得比爾．斯坦頓的建議嗎?當事情一帆風順時，不要只盯著風光的時刻，你要問：「什麼時候事情會出錯？」做到這一點，可以讓你的英雄和品牌成為聽眾最想與之互動的對象。

讓我們來看看傑米．柯恩．利馬（Jamie Kern Lima）和她的ＩＴ化妝品公司（IT Cosmetics）麻雀變鳳凰的致富故事。與其他企業家一樣，利馬把一切都投注到她的宏偉事業上。她辭去了當地新聞主播的工作，在廚房餐桌上開始創業。雖然利馬認為QVC公司（美國最大電視購物公司）是推廣自己「Bye Bye眼袋精華霜」的最佳管道，但是她無法獲得對方的注意。

最終，利馬的毅力得到了回報。她在曼哈頓的一次化妝品貿易展場上展示自己的產品時，QVC高層主管們碰巧路過，表示有興趣與她展開合作。這就是利馬和IT化妝品公司改變的開始。

QVC行銷和專案高級副總裁道格・羅斯（Doug Rose）在接受《創業家雜誌》（*Entrepreneur Magazine*）的採訪時說：「我們的顧客之所以購物，與其說他們想買東西[34]，不如說是他們熱衷於了解新事物，認識有趣的人，傾聽他們的故事。我們經常說，講故事就是零售商的超能力。」

當然，利馬的產品設計精良，包裝精美，價格昂貴。畢竟，她是在整形外科醫生的幫助下研發出這些產品。利馬在電視台的工作經驗也幫助她成功地向QVC和觀眾分享她的產品和故事。當然，是利馬自己的故事，是她的英雄之旅，最終加速了她的成功。

正如《創業家雜誌》所描述，她「患有嚴重的紅斑痤瘡，三十多歲的時候失去了眉毛……她設計了一段影片，在這個影片中，她隔空擦掉自己的眉毛，然後用ＩＴ眉筆畫眉毛」。

自首次在ＱＶＣ上露面以來，利馬在ＱＶＣ網路上的出現次數已經超過七百次，公司的年銷售額已經飆升到一億美元以上。當然，利馬的故事既引人入勝又令人感動，她講述自己故事的能力讓你很難離開。而她的故事在觀眾中引發出的移情效果，對她的成功有著不可忽視的巨大影響。

「這不僅僅是一個銷售問題。」利馬說，「我卸掉我的妝容，展現我的紅斑痤瘡和缺失的眉毛，我希望女人們對自己的感覺更好，因為每個人都有自己的問題。」

當然，不是所有購買ＩＴ化妝品公司產品的女性都和利馬有相同的皮膚問題。她們的購買是因為利馬的英雄之旅，她們將自己和自己的問題放到利馬的背景中。透過建立一個「以顧客為中心」的品牌，傑米·柯恩·利馬不僅建立了一個令人難以置信的商業帝國，還改善了消費者們的外在和內在生活。

你也可以做到的。

Chapter 4

我們銷售的VS.我們用錢買到的

律師費

一名男子打電話給律師問：「只要回答三個簡單問題，你要收多少錢？」

「一千美元。」律師回答。

「一千美元！」那人叫道，「這太貴了，不是嗎？」

「的確很貴。」律師回答道，「好了，你的第三個問題是什麼？」

你買了什麼湯？

信不信由你，雞湯公司不賣湯，是賣愛。雞湯罐頭只是他們用來換錢的東西。

想像一下這則廣告：金髮碧眼的漂亮中年媽媽在老式廚房裡忙碌。閉上你的眼睛，你就能看到這個場景：一個二十世紀五〇年代的老冰箱，深色的木櫥櫃，黃色的餐檯，上面放著麵包和花生醬。媽媽穿著合身的上衣和鮮豔的裙子，套上亮色圍裙。她的頭髮梳得整整齊齊，戴著一個蝴蝶結髮夾，紅嘴唇上掛著溫柔的微笑。每隔一段時間，媽媽就會抬起頭來，一邊做飯一邊看外面。當她看到小強尼在雪地裡快樂地玩耍時，她開心地笑了。

不久，她聽到敲門聲，轉身看見小強尼擦著窗戶玻璃上的霜，往屋裡窺視。她打開門，撣了撣小強尼帽子上的雪，而小強尼不停地用手套擦著自己的鼻涕。媽媽在他的額頭上親了一下，然後把他帶進廚房，脫下他的帽子，將他的頭髮整理好，讓他在餐檯邊坐下，接著端來一碗熱氣騰騰的雞湯給小強尼。

嗯……這是個可愛的好媽媽，不是嗎？

錯，她只是個懶媽媽。她所做的，就是打開一罐誰知道添加了什麼化學物質的雞湯，把它放進微波爐裡加熱，然後放在桌上。但是，這樣的訊息肯定不會讓雞湯罐頭大賣。所以，小強尼幸福地喝了一口熱湯，媽媽笑得也很幸福。此時，動人的音樂提醒我們，這就是愛的全部。愛肯定比一罐五十美分的雞湯值錢，不是嗎？

所以說，雞湯公司不賣湯，而是販賣愛。雞湯罐頭只是他們用來換錢的東西。

一個多世紀前，攝影的出現受益於一個簡單的化學反應：暴露在光線下的硝酸銀和某些其他化學物質會變得更暗。所以，相紙中的銀含量越高，顯影品質就越好。這就是藝術博物館裡的攝影作品被稱為銀版畫的原因。

柯達（Kodak）宣傳其底片和相紙的硝酸銀濃度為業界最高，這在功能上是有意義的。但人們購買柯達的產品並不是因為他們的銀含量。他們購買柯達的相機、底片和其他攝影用品，是為了保存與他們所愛之人的記憶。

你會為哪個付錢？一堆你不懂的有毒化學物質，還是你可愛孩子們的照片？當然是後者。人們對孩子的愛是如此強大，以至於柯達的行銷口號「柯達時刻」（**Kodak moment**）成了生活中的通用語，用來描述需要為兒孫留下影像記錄的私人時刻。

當然，隨著數位攝影的出現，傳統攝影器材公司——比如柯達——像渡渡鳥一樣消失。但它們的消失只是強調了一點，就是人們最關心的是產品（或服務）如何使他們的生活更好，而不是這些產品的原理。他們不在乎影像是「如何」建立、存儲和共享；他們只關心影像的建立、存儲和共享。他們希望科技能讓產品的最終目的——也就是記憶的記錄和分享——盡可能地容易。正如前面所說，產品的功能已經成為入門成本。

為什麼會這樣？因為常識告訴我們，產品的運作方式對購買者和使用者來說是最重要的。而且，技術進步又不斷地在改變產品的運作方式。

還記得之前提到的打字機嗎？不管打字機構造多麼複雜，我們都能很輕易地弄清楚它的工作原理：你的手指按下按鍵，按鍵帶動槓桿，槓桿敲打墨帶，墨帶在紙上留下印記。對於機械設備，我們很容易就能看出它的運作原理，即使我們無法打造或修復它，但機械的運作過程簡單、清晰、易於理解。

然而現代科技改變了這一點。

今天的消費者幾乎擁有科幻電影中的一切新奇設備。《星際迷航記》（*Star Trek*）的通訊器？今天它被稱為智慧型手機。《狄克崔西》（*Dick Tracy*）裡的手錶對講機？蘋果、三星（Sumsung）、摩托羅拉（Motorola）、卡西歐（Casio）、LG等公司都開發出自己的版本。《傑森一家》（*The Jetsons*）裡的速食機？現實版本叫微波爐。生物技術實驗室甚至在培養皿裡進行無性生殖，培養可替換的膀胱、氣管和耳朵。據我所知，人們還在等待的科幻設備就只有時光機和個人噴射飛機了。

當然，每隔一年的七月四日（美國獨立日）或其他節日，美國空軍就會拿出一套老式噴射飛行背包，飛過某個橄欖球場的上空，但它的價格接近百萬美元，而且飛行離地只有大約十五公尺。最近我還看到了一種在水裡使用的噴水飛行背包，有一根大管子把湖水吸起，再從背包底部噴出，將佩戴者推向幾英尺高的空中。但是這套裝置需要在大湖或海灣裡使用，而且你會全身濕透，不像詹姆士·龐德（James Bond）在《霹靂彈》（*Thunderball*）裡表現得那麼優雅。

想想噴射飛行背包能為我們做什麼。不管你住在哪裡，我打賭你肯定在過去的一星期裡抱怨過交通。但是如果你有一個噴射飛行背包，你就不會對交通有任何怨言了。停車問題？不存在了。一個噴射飛行背包比你的大型凱迪拉克EScalade ESV（或你的小型豐田PRIUS）占用的空間要少得多，你可以把它藏在任何地方。

油耗？雖然我不認為噴射飛行背包使用混合動力或太陽能，但我相信我們可以找出更好的能源運用方式。而且，當我們背上噴射飛行背包，就意味著我們不會因為交通擁堵和紅燈而浪費汽油。

別擔心，我知道我的要求並不完全符合實際。我知道噴射飛行背包在下雨時不能使用，我知道它無法讓我和孩子們一起旅行，或者幫我搬運物品。但是在其他的時間裡，我認為噴射飛行背包適合每個人。

那麼，誰能為我們創造出噴射飛行背包呢？昨天我要查詢拜占庭果蠅的生長周期，Google在不到〇・〇〇二秒的時間裡為我找到了答案。如果二位Google創辦人賴利（Larry）和謝爾蓋（Serger）能找到實現這一理想的方法，我相信他們有足夠的智慧和資源來製作我的噴射飛行背包。今天，我把車停在一輛漂亮的特斯拉旁邊，它的發明者伊隆・馬斯克（Elon Musk）還創造出第三方支付平台PayPal和太空探索的

SpaceX。當然，像馬斯克這樣的人，既然能成為小勞勃·道尼（Robert Downey Jr.）在《鋼鐵人》（*Iron Man*）中扮演的角色的藍本，應該也能打造出噴射飛行背包，你不覺得嗎？

當然，我也想打造自己品牌的噴射飛行背包。但事實是，我不在乎是誰讓它成為現實。在一個理想的世界裡，我希望蘋果可以參與其中，如此可以讓背包很酷；我也希望保時捷能參與進來，這可以讓背包更快；VOLVO可以讓它更安全；塔可鐘（Taco Bell，美國連鎖快餐店）可以讓它更便宜；如果星巴克可以修理飛行背包，那麼每個街角都會有個服務站；而Swatch可以保證人手一包；萬豪（Marriott）可以保證全世界的噴射飛行背包都以同樣的方式工作。我並不在乎我的噴射飛行背包上印著哪家的標誌，只要它能可靠地工作，而且我能負擔得起，我就會為製造出它的公司支付更多費用——尤其是普及之後、人手一個之時。我想要的不僅僅是噴射飛行背包；我想要的是特殊的噴射飛行背包。

我的想法是不是有些超前？在現今這個電腦輔助設計與製造很普片的時代，似乎任何可以想像的東西都能被創造出來。除了我剛剛提到的，我們的生活充滿了現代奇蹟：從隨身碟到隱形眼鏡再到保鮮膜，它們就像梅爾·布魯克斯（Mel Brooks）在著作《二〇〇〇歲老人》（*2000-Year-Old Man*，書名暫譯）中說：「人類有史以來最偉大的發明。」

你在YouTube上看過那些穿著飛鼠服裝飛躍山嶺的影片嗎？他們僅靠四肢間的幾塊布與無比的勇氣就在天空翱翔。我想我們可以簽下幾名這樣的瘋子作為噴射飛行背包試飛員。畢竟他們敢穿著緊身衣跳下山崖，當然不會害怕嘗試新式飛行背包了。

如果你也想要一個噴射飛行背包，那我們可以開始一場運動。如果我們證明它有巨大的市場需求，一些具有前瞻性的工程師就會開始著手製造。你所要做的就是修改民謠歌手阿洛・蓋瑟瑞（Arlo Guthrie）的歌曲〈愛麗絲的餐廳〉（*Alice's Restaurant*）當中的歌詞。首先將標題改為「噴射飛行背包」，歌詞變成：「你能想像一天有五十個人嗎？我是說每天有五十個人走進來，買了一個噴射飛行背包就離開。朋友們可能認為這是一場運動，這就是，這就是噴射飛行背包運動，你要做的就是加入我們。」

就像富蘭克林・亞當斯（Franklin B. Adams）想要「好的五分鎳幣」，修・路易斯（Huey Lewis）想要「新的藥物」，在電影《與森林共舞》（*The Jungle Book*）裡的猩猩王路易（King Louie）想要「像你一樣」。我只想要個私人噴射飛行背包。這要求很高嗎？

所有先進的技術都像魔法

當然，我對噴射飛行背包的咆哮是一種諷刺，但我的觀點很明確：為什麼像噴射飛行背包這樣的設備要比其他一些奇蹟技術更難製造呢？一個噴射飛行背包會比3D虛擬實境眼鏡更難製造嗎？比智慧型手機上的App可以識別任何歌曲還要難？比3D列印還要難？因為我不明白它們的運作原理，所以看不出一個設備比另一個設備更難製造的原因。正如英國作家亞瑟·克拉克（Arthur C. Clarke）的第三定律所說：「任何夠先進的科技都與魔法／魔術無法區分。」

魔術的問題在於，我們都想了解它的原理，但一旦站在幕後偷窺過一番，就會失去興趣，不再著迷。紙牌把戲就是如此。我們對事物有一種天然的理解與控制的需求，這種需求迫使我們想要弄清楚事物的運行原理。在科學技術飛速發展的今天，缺乏對周圍事物的理解會阻礙科技發展。

請注意不要犯這樣的錯誤：知道某個東西如何操作，不代表知道它的運行原理。這兩者是不同的。當然，你知道如何使用筆電和智慧型手機，但你可能並不知道在它們光滑的外殼下究竟發生了什麼。或許你的確知道電腦是如何運作的，並且能說出所有數據資料如何被簡化成0和1，但這不表示你真正理解搜尋引擎如何在不到十分之一秒的時間裡找到你查詢問題的答案。

隨著時間的推移和經常性使用，我們對原本不理解的東西的接受度也在逐漸增加。即使並不真正理解如何實現與身處地球另一邊的人即時通話，但我們使用電話的時間已經足夠長，長到我們認為這是理所當然的事。儘管可能會驚訝於身處澳大利亞的表哥聽起來就像在隔壁，但我們的驚訝很快就會被科技帶來的人際互動所取代。

但是，我們不太容易理解當前技術的進步會將我們帶到哪裡。因此，美國國家專利局局長查爾斯．杜爾（Charles H. Duell）暗示政府應關閉專利局，因為「一切可以發明的東西都已經發明了」。這句話可以追溯到一八九九年——早在現代飛機、原子彈、電影院、太空旅行、電腦、網路等事物出現之前。遠見卓識的亞瑟．克拉克在他的第一定律中也提到這一現象：「當一位傑出的年長科學家宣稱某件事是可能的，幾乎可以肯定他是對的；當他說不可能時，他很可能是錯的。」

說了這麼多，我的意思到底是什麼？很簡單，所有上述內容都在強化一個論點，即產品（或服務）的功能不再是與消費者互利關係中最重要的部分。這種違反直覺的想法，在為產品命名時同樣重要。

替「以顧客為中心」的產品命名

你還記得自己第一次吃壽司的情形嗎？我不是指日本料理已經被普遍接受的今天；我是說，當壽司在美國還是一個奇怪的存在，而你又有些膽小的時候。

「什麼？！吃未烹煮的生魚片？讓我吃？你瘋了嗎？」

也許你的經歷和我一樣：第一次的味道可說是相當奇怪，有些黏糊糊，當然還有魚腥味。就連幾秒鐘後差點讓我鼻子噴火的芥末也無法改變口中的古怪感覺。接下來的幾口，以及接下來幾次的日本料理之行，我都是試探性品嚐。但過了一段時間，我開始愛上壽司。

你開始吃壽司的契機很可能是因為它很酷，很有異國情調。如果在吃之前對食物進行清晰且明確的描述，你還會繼續吃的機率有多大呢？

盤子裡的是：生的死魚肉。

哦……。

說到魚，巴塔哥尼亞牙魚（Patagonian tooth fish，又名美露鱈）一直被認為是一種賣不出去的魚，直到行銷專家將其重新命名為智利海鱸魚。與解釋性的名字相比，這種違反直覺、非描述的名字更有可能成為強大的品牌。舉例來說，皮埃爾・歐米迪亞（Pierre Omidyar）的超級購物網站eBay，在一九九七年之前的名字是AuctionWeb（拍賣網），這個名字的解說性更強，但是遠沒有叫eBay時來得成功。

名字裡到底有什麼？

你知道Google的原名是網路爬蟲（BackRub）嗎？你知道耐吉（Nike）的原名是藍絲帶體育（Blue Ribbon Sports）嗎？當然你還記得AOL是美國線上（America Online）的縮寫，但你知道它一開始是被叫作量子電腦服務（Quantum Computer Services）嗎？

一些名字的改變是由於公司的原因，例如從達特桑（Datsun）變成日產（Nissan），這樣的改變影響不大，除了要花費數百萬美元重建品牌之外。其他名稱的改變，像是從聯邦快遞（Federal Express）變成FedEx，這在一個推文只有一百四十個字和注意力更短的環境中無疑更有感覺。

有些名字的含義是事後反向解釋，有時則是假的。例如，雅虎（Yahoo!）這個名字被認為是「另一種階層式的非官方資料庫」（Yet Another Hierarchical Officious Oracle）的縮寫，另一種說法是，該名字源於創辦人大衛・費羅（David Filo）和楊致遠（Jerry Yang）對作家強納森．史威夫特（Jonathan Swift）的《格列佛遊記》中野蠻怪物雅虎的欣賞。

而一些名字的變化反映了時代的變化，想想艾茲飲食糖果（Ayds Diet Candies，與愛滋病AIDS發音相同），或伊西斯巧克力（Isis Chocolates，與極端恐怖組織ISIS名字相同）。安盛諮詢公司（Andersen Consulting）花費大約一億美元將名字改為埃森哲（Accenture），以避免其姊妹公司安達信會計師事務所（Arthur Anderson）的不端行為帶來負面影響。肯德基（Kentucky Fried Chicken）希望將「油炸」（Fried）這個詞從名字中去掉，於是推出了KFC的縮寫。

一架DC-9民航飛機墜毀在佛羅里達國家公園大沼澤地，幾乎都沒有留下殘骸，其公司ValueJet將名字改為穿越航空公司（AirTran）。這個不幸的例子讓我不禁想到，馬來西亞航空（Malaysia Airlines）何時會宣布改名，以擺脫二〇一四年失去兩架飛機的恐怖陰影（一次在亞洲廣闊的水域上，另一次在烏克蘭）。

為了滿足消費者對健康的需求，穀物食品公司也都改名。糖的味道（Sugar Smacks）變成甜蜜味道（Honey Smacks），隨後乾脆直接變成了味道（Smacks），最後又改回甜蜜味道（Honey Smacks，可能是有人指出smack是海洛因的俚語說法）。

糖脆（Sugar Crisp）變成了黃金脆（Golden Crisp），早餐糖片（Sugar Pops）變成早餐玉米片（Corn Pops），糖霜片（Sugar Frosted Flakes）乾脆變成了霜片（Frosted Flakes）。當然，這些穀物食品的實際含糖量只是略有下降，但「糖」這個詞卻被刪得一乾二淨。

在網路時代，名字和產品之間的互動關係就像雞與蛋，一半是科學一半是藝術。但如果你想忽略取名這個艱難工作，請思考一下：如果壽司被簡單地稱為「生的死魚肉」，你還會去吃鮪魚、黑鮪魚、鮭魚卵、鰤魚這些壽司料理嗎？

曾經有家店叫「嚴格網球」（Strictly Tennis），誰都知道這家店賣的是什麼。由於後來很多孩子都跑去踢足球，因此這家店開始售賣足球鞋和球衣，店名也改為「嚴格網球和足球」（Strictly Tennis and Soccer）。此後慢跑風靡一時，這家商店又改名了，這次是「嚴格網球、足球和跑步」（Strictly Tennis, Soccer and Running）。最終，店名變成「嚴格網球及其他」（Strictly Tennis and More）。現在的人們開始玩極限飛盤、CrossFit混合健身訓練和Zumba有氧瘦身運動，那麼店名應該叫什麼呢？「嚴格網球及其他」這個名字是否能完全涵蓋？還是說，店主應該徹底改個不一樣的名字？

在二十世紀六〇年代末，艾爾・庫帕（Al Kooper）、鮑比・科洛姆比（Bobby

Colomby）和一群爵士樂手聚在一起，創造出「血、汗和淚」（Blood, Sweat & Tears）——那個時代最具代表的五大搖滾樂團之一。這個樂團非常成功，同名的第二張專輯不僅在告示牌排行榜（Billboard）上名列前茅，還為世界帶來三大熱門歌曲：〈你讓我如此快樂〉（*You've Made Me So Very Happy*）、〈旋轉車輪〉（*Spinning Wheel*）和〈當我死去〉（*And When I Die*），而且還擊敗了披頭四樂團的《艾比路》，獲得年度葛萊美專輯。但是，我們不禁懷疑，如果當初樂團的名字更具描述性，如「混合體液」（Assorted Bodily Fluids），他們是否還能獲得如此高成就。

瑪麗蓮·夢露（Marilyn Monroe）原名是諾瑪·珍妮·莫泰森（Norma Jeane Mortenson）；湯尼·寇蒂斯（Tony Curtis）原來叫伯納·舒瓦茲（Bernard Schwartz）；洛克·哈德森（Rock Hudson）原名是小羅伊·哈羅德·謝勒（Roy Harold Scherer Jr.）；馬丁·辛（Martin Sheen）原名是拉蒙·安東尼奧·格雷多·埃蒂托維斯（Ramón Antonio Gerardo Estévez）；娜塔莉·波曼（Natalie Portman）的姓原來是赫許勒（Hershlag）。

雷夫·羅倫（Ralph Lauren）是美國時尚界的超級明星。這位設計師將美國學院風和英國貴族風結合起來，創造了七十億美元財富，他原名叫雷夫·利弗希茲

（Ralph Lifshitz）。你想想看，國際工業巨擘的首腦們穿著Lifshitz（Life shits，生活一團糟）的海軍藍西服出席達沃斯世界經濟論壇的機率有多大？什麼樣的女演員會穿著Lifshitz的高級時裝登上奧斯卡領獎台？

這讓我想起一個老笑話：「嘿，雷夫，如果你是Lipshitz，那你的屁股會說話嗎？」（粗俗笑話，此處取Lifshitz的諧音Lipshitz。lip是嘴唇之意，shit有排便的意思。）

顯然，一個名字對於商業成功至關重要。不幸的是，這並沒有任何規律可循。《紐約時報》最近發表了一篇關於公司名稱、命名與命名者的文章，題為「命名新產品的古怪科學」（The Weird Science of Naming New Products），作者尼爾．蓋布勒（Neal Gabler）指出：「沒有任何命名標準，也沒有任何方法可以判斷一個新名字會產生積極影響還是消極影響。」[35]

有時成功的名字是有教育意義的，它們會告訴潛在顧客其產品內容與公司定位，例如筆記軟體Evernote、探索頻道（Discovery Channel）、國際商業機器（International Business Machines）或現代藝術博物館（Museum of Modern Art）。但是正如前面所說，當一家公司使用描述性名稱作為企業標識時，如嚴格網球（Strictly Tennis）、漢堡王（Burger King）或國際商業機器，其功能可能會阻礙未來的發展。

有時成功的名字來自公司創辦人，例如惠普（Hewlett-Packard）、保時捷（Porsche）或法拉利（Ferrari）。但這前提必須是創辦人的名字不受醜聞影響。世界通訊公司（WorldCom）和安然公司（Enron）並沒有使用創辦人名字，伯納・馬多夫投資證券有限公司（Bernard L. Madoff Investment Securities LLC）是用創辦人的名字，但他們三者的毀滅性結果並無不同。本書撰寫時，美國總統候選人唐納・川普（Donald Trump）競選團隊暴露出的問題仍在調查中，這對他的同名商業帝國會造成怎樣的影響，還沒有定論。

有時，一個名字在一開始時很好，但社會事件會改變它的含義。這種不幸的事情發生在艾茲飲食糖果（Ayds Diet Candies）、伊西斯巧克力（Isis Chocolates）和炭疽樂團（Anthrax）身上。

有時，成功的名字是幻想型的：Google、星巴克（Starbucks）、推特（Twitter）、思科（Cisco）等。其問題是，這些品牌需要大量時間和金錢才能讓消費者識別、理解和接受一個從來沒有聽說過的名字。

不過不要認為名字就能決定一切，看看斯馬克（Smucker，與英語髒話 fucker 諧音）公司的成功。這家食品業巨擘的名字令人厭惡，但它在食品銷售上賺了數億美元，它的口號是：「有一個斯馬克這樣的名字，它（食品）必須是好的。」

所幸斯馬克公司沒有用「混合體液」這樣的名字，真是太好了。或者ＩＳＩＳ。或者Lifshitz。

我們銷售的與他們購買的

如果說，技術的進步使產品功能過剩，描述性的品牌名稱會為成功製造更多的障礙，那麼今天的消費者購買的是什麼呢？

如果你想讓公司立於不敗之地，這就是最基礎的必答問題。而它的答案往往和非描述性名稱一樣違反直覺。我們發現，人們用金錢交換的東西與他們實際購買的東西是不同的。

去一趟星巴克，你會看到這樣的情景：人們坐在店內或店外（取決於店面位置和當天天氣）看報紙、滑手機、使用筆電、與商業夥伴會面或與朋友們閒聊。店裡通常有一堆人在等著點卡布奇諾或焦糖瑪奇朵。星巴克正在用咖啡換錢，但顧客們買的東西卻不僅僅是咖啡。

多年來，許多美國人的生活圍繞著三個地方：家、工作場所和「第三地」（third place）。第三地通常是宗教機構，如教堂、猶太會堂或是親和性組織，或是像麋鹿俱樂部（Elk's Club）、瑪森小屋（Mason's Lodge）或海外作戰退伍軍人協會（Veterans of Foreign Wars Hall）這類組織。有時第三地是校友會，如哈佛校友會（Harvard Club）或賓大校友會（Penn Club），或像紐約人、世紀俱樂部（Century Club）這樣的社會俱樂部。有時，第三地是運動場所，如保齡球館、網球場、高爾夫場或鄉村俱樂部。

但是，美國人越來越喜歡待在家裡。人們喜歡在客廳的大螢幕上觀看球賽和演唱會，而不是去現場看；住宅游泳池數量激增，購買不動產的費用、以及教堂和俱樂部的維護費用都不斷增長，隨著這些現象的不斷加劇，越來越少的美國人認為自己歸屬於宗教或其他組織。這意味著傳統的「第三地」已經不再那麼受歡迎。

人們去「第三地」的頻次降低，並不意味著他們不需要這麼一個地方。隨著自由工作模式的到來，越來越多人不再呆坐在辦公室裡，任何可以插上筆電電源、有良好Wi-Fi訊號的場所，都可以是工作地點。而且這種需求越發明顯。

這就是星巴克對自己的定位。經濟學教授帕諾斯·莫道寇塔斯（Panos Mourdoukoutas）對《富比士》（*Forbes*）雜誌解釋：「多年來，星巴克一直把自己定位為『第三地』，這是一種『負擔得起的奢侈品』[36]，人們可以在這裡與朋友、同事分享咖啡，遠離工作和家庭的煩惱。」星巴克網站上是這麼說的：

> 從一開始，星巴克就是一家與眾不同的公司。這不僅僅是因為優質的咖啡及其深厚的傳統，還有它帶來的連結感……
>
> 人們來星巴克聊天、會談，甚至工作，這很常見。我們是一個鄰里聚會的地方，是日常生活的一部分——我們對此感到無比高興。

星巴克在其《綠圍裙手冊》（*Green Apron Book*）上的客戶服務概覽中清楚地解釋了它的價值策略。它列出公司成功的特點。星巴克的「生存方式」是「親切、真誠、博學、體貼和參與」。你可能已經注意到，星巴克並沒有列出任何關於出售咖啡或提高顧客平均消費金額的行銷內容。相反地，它顯示出一個好的社區或第三地的成功要素。究其原因，星巴克的貨幣雖然是咖啡（及其相關工具、零食和非咖啡飲料），但它的顧客購買的是社區體驗。

回想一下你上次在奧蘭多或拉斯維加斯的大型飯店參與會議的情景。如果你經過大廳，你會發現很多人都在飯店內的星巴克門市前排隊。回到會議室，你看見一堆人手上拿著星巴克紙杯到處亂跑。這一切都合理，尤其當你看到飯店為與會者提供的免費咖啡，咖啡壺前的牌子寫著「我們自豪地為您供應星巴克咖啡」。

如果會議室裡有免費的星巴克咖啡，為什麼人們還會排隊購買？當然，有些人有特殊喜好，想要一杯白咖啡或無咖啡因拿鐵，但更多人購買的咖啡和飯店提供的免費咖啡是相同的。顯然，「習慣」以及「在星巴克展開精神抖擻的一天」的生活體驗，都是吸引這些消費者的原因。

醫生出售檢查和診斷，但病人購買的是心靈的平靜。

銀行和金融機構出售安全保障和獲得資本的管道，但儲戶和借款者購買心靈的安寧和對光明未來的承諾。

豪華手錶製造商出售先進的手錶，但顧戶購買的是地位。

雖然適當的功能是產品和服務的入門成本，但它已經不再是觸發顧戶購買慾望的動力。

當髮廊不再是髮廊、當餐廳不再是餐廳

你第一次走進位在佛羅里達朱庇特的「年輕人」（Junio's）店鋪時，你可能會有些驚訝。門市的牆壁上滿是塗鴉，還有紅黑皮革與工業金剛石組合而成的家具。老闆穿了一件哈雷戴維森的技工襯衫，毫無疑問，這件襯衫是用來襯托他手臂上的紋身。

店員身上都有大量的紋身，他們的制服也很不一樣：牛仔褲或寬鬆短褲、黑色T恤、棒球帽和沉沉的金屬鏈。他們當中的大多數人——魯本、傑羅、特利克斯、齊和強尼——手裡拿著鋒利的刮鬍刀忙碌著。但是等待他們服務的人，並不是常見的夜店愛好者。這些顧客是年輕男孩，生意人，以及來自郊區的富裕父母。

之所以會這樣，是因為「年輕人」並不是什麼幫派聚集地，它是間髮廊。

不不，我說的是真的。

沿著佛羅里達海岸前行，在邁阿密海灘的頂端，你會看到「喬的石蟹餐廳」（Joe's Stone Crab Restaurant）。它售賣的東西和「年輕人」一樣。當然，它並不會為你理髮，它售賣的是一種感覺，一種身處特殊地方的感覺。

在旅遊旺季的週六晚上，顧客們在「喬的石蟹餐廳」門前排起長長隊伍。他們耐

心地站著，儘管知道等位時間很可能會超過三小時。而且，「喬的石蟹餐廳」不接受預訂。也可以說，用餐者的最佳選擇是換一家餐廳，畢竟這個地區並不缺少時髦的餐廳。但顧客依舊絡繹不絕，就是因為這長長的隊伍。

「喬的石蟹餐廳」和「年輕人」都是為「以顧客為中心」的經濟做出貢獻的企業，在它們這裡，「你做什麼」已經不再重要，重要的是「你怎麼做」或「你是誰」。

如果你只想剪頭髮，低至八美元的理髮店，高至一百五十美元的美髮沙龍，都可以滿足你的需求。但如果你想要「不一樣的體驗」，想要更酷，那麼你就得去「年輕人」了。

讓我們看看「年輕人」的網站上是如何描述自己的品牌：「『年輕人』理髮店，紋身為其靈感，搖滾為其基調。『年輕人』理髮店提供全套服務，從兒童到成人，從熱毛巾到刮鬍刀，我們還為優雅人士提供訂製設計。」

就像星巴克的《綠圍裙手冊》中沒有提到咖啡或星冰樂一樣，「年輕人」也沒有提到理髮師技術有多好，或者價格多麼經濟實惠。因為這些事都不重要。「年輕人」不是在出售理髮服務，而是在推銷一種體驗。

「喬的石蟹餐廳」的烤魚是邁阿密最好的，他們的炸雞是世界上最好的。但是，喬家的網站並沒有吹噓自己的食物，就像「年輕人」沒有吹噓自己的髮型設計一樣。「年輕人」的髮型設計和喬家的食物就是貨幣：這是餐廳用以換錢的東西，但不是顧客購買的東西。想要證據嗎？登錄餐廳網站，你會發現最受歡迎菜單的食譜，包括凱撒沙拉、薑汁鮭魚和著名的酸橙派，全都在上面，供全世界（包括競爭對手）使用。如果你只想要食物，你大可自己做。但這不是喬餐廳賣的。

你做不出喬餐廳的氣氛和感覺。就像餐廳網站上說的：「對食物、家人和朋友的熱愛，吸引了我們的顧客，並讓他們絡繹不絕。」

還有長長的隊伍告訴你，這家店很特別。

你從咖啡、理髮和石蟹中學到什麼？

這一切跟你的生意有什麼關係？重要的是，你要讓人們感覺特殊，就像在星巴克、「年輕人」和「喬的石蟹餐廳」一樣。更重要的是：**人們買的不是你賣的東西，而是「你是誰」以及「你帶給他們怎樣的感受」**。一旦你為人們提供了「以顧客為中心」的體驗，你就會發現一大堆顧客飢渴地等著你的產品。

如果忽略這種違反直覺的定位，你會發現自己和其他行銷人員一樣，陷入沮喪的困境。經過大量的嘗試與失敗，他們開始明白消費者並不是在購買產品的功能。同時，雖然他們知道要了解消費者們真正想要的是什麼，但他們也知道（正如上一章從亨利．福特和史蒂夫．賈伯斯身上學到的），直接詢問消費者並無法得到答案。

那麼，這個答案要從何而來呢？讓我們再說一次，它來自一個不太可能的地方：內心深處。

Chapter 5

欸，看著我啊

（我們恨對方，卻變成了對方）

紙牌遊戲

一群人坐在一起打牌。

第一個人嘆息：「唉。」

第二個人嘆息：「唉。」

第三個人看著他的朋友：「唉。」他的嘆息聲更大。

第四個人說：「喂，我們是要繼續打牌呢，還是你們要繼續表演？」

嗨，看著我啊

還記得以前班級裡那個「嗨，看著我」小子嗎？我們都和他一起長大，我們都恨他。別人做什麼他就要做什麼，而且必須做得更好、更大聲，讓班上每個人都看著他在做的事。

他會站在跳水台上大聲呼喊，讓大家都注意他。他會在棒球場上誇張地揮舞手臂高喊：「好的，我知道了！」雖然並沒有人理他。他是班級裡聲音最大的那個人，每次拿到得A的考卷都會大喊「Yes！」，不管他走到哪裡，他都必須是眾人注意的焦點。如今，他在臉書貼上自己的跑步記錄，在Instagram上發布用餐照片，在推特上發表誇耀自己成功的推文。他開著最大的車，住在最大的房子裡，不管他是否買得起。

因為我們不喜歡「嗨，看著我」小子，再加上我們天生不想談論自己，很多人都不願意進行自我推銷。他們不認為自我推銷是獲得成功的工具，而是一種炫耀。但是，藉由「以顧客為中心」來促成市場行銷、公共關係和社群媒體熱議，可以讓自己的生意更上一層樓。「以顧客為中心」的矛盾是，透過關注他人，企業家可以提升自己的品牌。本章的重點是經由幾個簡單步驟，將「以顧客為中心」的理念融入你的生活和生意中。

名字遊戲

幾百年前，人們很容易就能知道他人是以什麼為生。舒梅克先生做鞋、古德史密斯敲打貴金屬、泰勒縫衣服、法默耕種、貝克烘焙麵包。（本句名字分別為

Shoemaker，鞋匠；Goldsmith，鐵匠；Tailor，裁縫；Farmer，農民；Baker，烘焙師；都是以名字表示職業。）

但今天沒那麼簡單，對吧？你聽說過放射科醫師先生（Dr. Radiologist）、對沖基金經理先生（Mr. Hedge Fund Manager）、帳戶經理女士（Ms. Account Executive）嗎？傑克遜（Jackson）的父親一定要會修繕嗎？韋伯曼（Webman）女士必須從事網路工作嗎？當然不是。今天，我們可以自由選擇自己的職業，不管我們出生時的名字是什麼。

那麼，為什麼我們可以選擇自己要做什麼，卻依舊使用幾個世紀前的習慣向別人描述自己呢？為什麼我們初次見面時總要詢問彼此的職業呢？是的，我知道你有個朋友認識叫佩恩（Payne，疼痛諧音）的牙醫，或者一個叫勞利斯（Lawless，目無法紀之意）的律師。但我的觀點依然站得住腳。

想像一下這個場景：你在聚會時遇到一位新認識的人。你自我介紹，接下來你會說：「你是做什麼的？」

如果我們仍然使用舊的命名方式——以工作命名，那麼這個問題就是多餘的。因為亨斯邁（Huntsman，獵人）、麥思哲（Messenger，信使）和庫克（Cook，廚師）

這類的姓氏就能告訴我們的新朋友：我們是做什麼的。

但更大的問題是，為什麼我們的職業如此重要，以至於我們一見面就要詢問「你是做什麼的」，問對方「你是誰」、「你對什麼充滿熱情」或「對你來說什麼重要」，難道不是更有趣、更有啟發性嗎？

如果我們知道新朋友是一位熱心的臨終關懷志願者，收集了十八世紀的牧羊油，或者剛剛從西澳州首府伯斯移民，而非他是個律師或會計師，這樣不好嗎？了解對方的政治傾向、宗教信仰或音樂品味，不是比職業更能深入了解這個人嗎？

在過去的幾章我一直在說，產品或服務的功能只是入門成本。就像撲克賭局的賭資，產品功能是一個關鍵的因素，可以讓我們在牌桌前坐下來，但它並不能保證最後的勝利，一局都不可能。相反，產品或服務如何使消費者的生活更好，或使消費者對生活的感知更好，這決定了你是否能成功。

到目前為止，我們一直在談論網路時代的新環境如何改變我們向世界展示公司和產品的方式。正如我們所見，電腦化、全球化、整合和超高速通訊，這些全都改變了我們相互聯絡的方式，並在購買和使用產品（或服務）的問題上替我們做出決定。

而除了產品、服務和公司之外，新環境也影響到我們如何與他人相處的思考方式。就像沒有人會在地板髒兮兮或食物不新鮮的餐館吃飯一樣，如果我們不擅長工作，就沒有人會僱用我們。但是，我們擅長工作並不意味著任何人都會僱用我們。為什麼？

因為人們選擇的不是「我們做什麼」，而是「我們是誰」。

房子前面和後面的區別

餐廳有兩個主要區域：外場與內場。外場包括你看到的所有東西：大廳、餐桌、酒吧、領班和服務員。內場大部分都是你看不到的東西：廚房、清洗區、辦公室、冷藏室、酒櫃、垃圾處理區等等。

這兩個區域對餐廳的成功都至關重要，經營最好的餐廳，它的外場與內場一定合作無間。

其實，許多餐廳長期存在著地盤爭奪戰，對此你可能並不驚訝。外場主管和內場主廚一直針對「誰更重要」爭論不休。

外場的人會說，餐廳之所以受歡迎，是因為環境氛圍、服務品質好、吊燈的光線等等。在他們看來，這些才是吸引顧客的原因。當然，內場的人會反駁說，優質新鮮的食材、精選的上好葡萄酒，以及他們經手的所有工作，這才是顧客盈門的原因。如果這家餐廳的規模夠大，有一個行政辦公室、一個行銷部門及一家外部公關公司（也屬於內場區），這些部門都會爭辯說，他們推出的促銷活動、他們打造的良好形象以及他們進行的品質管理，才是幫助餐廳脫穎而出的功臣。

但是，當餐廳打烊後，外場主管和內場主廚在酒吧裡悠閒地喝著咖啡，針對誰更重要不停爭論時，他們總是忘記一個重要因素：洗碗機。

你看，無論餐廳多麼可愛，食物多麼美味，如果晚餐用的盤子是髒的，哪怕是老顧客也會很快離開，再也不會回來。

想像一下，你數年如一日地光顧同一家餐廳，與另一半共進浪漫晚餐，慶祝家人生日，款待親朋好友。突然有一天，你的盤子上覆蓋著一層褐色汙垢，或者叉子上纏著一根頭髮……你再也不會去了。但奇怪的是，雖然你會因為髒盤子（或其他衛生問題）拒絕一家餐廳，但你從不會因為一家餐廳很乾淨而向朋友推薦：「你會喜歡這個地方！它有城裡最乾淨的盤子！」你絕不會這麼說。

乾淨的盤子，就像產品的功能一樣，是餐館開門做生意的基礎要求，但不是顧客上門的原因。即使吹噓盤子乾淨也不會吸引任何顧客。往好處說，人們會忽略這一訊息；往不好的方向說，人們會質疑為什麼這家餐廳一開始就吹噓乾淨的盤子。

那麼，如果加強產品功能並不能給你帶來客戶，什麼才會呢？

表達真實的你

丹尼爾．品克（Daniel Pink）在二〇〇六年出版的《全新思維》（*A Whole New Mind*，書名暫定）一書中解釋說，確保商業成功的方法是「創造一個沒有人能模仿、引人注目的產品」[37]。瑪丹娜．路易絲．西科尼（Madonna Louise Ciccone）就是最佳案例。根據品克的說法，瑪丹娜創造了一個完美的商業模式。人們不只是買瑪丹娜做的事——寫歌、唱歌、跳舞——他們還購買「她是誰」：瑪丹娜。

我們的世界處於不斷變化的狀態中，品牌理論與實踐也是如此。例如，品克清楚地意識到，品牌需要開發一個不可再生的產品形象，並且寫下《全新思維》一書。一年後，斯蒂芬妮．喬安妮．安吉麗娜．傑爾馬諾塔（Stefani Joanne Angelina Germanotta）研究瑪丹娜的行為並創造了Lady Gaga。雖然她沒有複製瑪丹娜的角色本身，但她成功將一個舊角色賣給了一個全新的流行音樂粉絲市場。

前幾天，我在推特上看到一條推文：「天哪！我剛看到瑪丹娜坐地鐵。」幾分鐘後，有人轉發這則推文並評論道：「這意味著Lady Gaga將在明天乘坐地鐵，只是沒瑪丹娜那麼好。」

我們不應該專注於所做的事情，而應該專注於「確定我們是誰」，我們與現有及潛在顧客的共鳴點是什麼。即使我們銷售的產品及服務能夠滿足他們的需求，我們也需要與顧客建立關係，讓他們斷絕與我們競爭對手做生意的想法。

人們選擇的不是「你做什麼」；他們選擇的是「你是誰」。

你的藥品櫃與鏡子的區別

想一下你家浴室洗手台上方的藥品櫃（在美國一般用來放置藥物和個人清潔用品），裡面有乳液、香水、藥丸和蜜粉，能把你的臉打理到最好。如果你的藥品櫃和我的一樣，那麼裡面會是堆滿刮鬍刀、牙線、過期的處方藥和幾乎全空的阿斯匹靈藥瓶、刷子和梳子、幾個不同品牌的古龍水和鬍後水——我使用這些東西清潔自己，精神抖擻地開始每一天。我儘量保持整潔和有條理，但藥品櫃總是比我希望的更混亂。

一旦關上藥品櫃的門，一切就都變了。把櫃門關上，你會看到自己的臉在鏡子裡對你微笑。如果你充分運用藥品櫃裡的東西，把頭髮弄蓬鬆、把臉擦亮並好好梳妝打扮一番，你會看到自己最好的樣子。

我們會為特殊時刻打理最理想的面容，如果沒有藥品櫃裡的東西以及你的合作夥伴——理髮師、裁縫師，或許還有生活教練——就無法實現。當你走出家門，這一切就不再出現，你給人留下的只有美好的第一印象。

做你自己，做你自己，做你自己

很多重要時刻，好的外貌狀態和個人魅力十分關鍵。例如在應徵面試時，第一次約會時，第一次跟新客戶做簡報時。很多相關書籍和文章都會告訴你：做你自己，做你自己。但是，只有藥品櫃鏡子裡、擁有高度自我意識的自己，才是這一天的賣點。

就像舞台演員和新聞現場主持人一樣，只有精心打理過的面容才能反映出你的自信，告訴觀眾們你能給予他們想要的東西。精心打理過的面容會告訴對方，他們將信心放在你和你的產品上，是再正確不過的事情。

在此過程中，你可能會遇到兩個不同的問題。首先，我們厭惡「嗨，看著我」小子，我們不願意像他一樣，因此我們很難主動推銷自己。當然，我們會為自己的外表付出一些努力，但是太多的裝扮會讓我們覺得虛偽不誠實，下意識地防備與遠離。

其次，呈現一個理想化的自我與真實的自我似乎是矛盾的。人們認為，如果打扮自己以求完美，那麼我們就不是真實的。如此一來，我們推銷的就不是真實的自我，這讓人感覺虛偽。做你自己，做你自己，做你自己，確實如此。

但是，「以顧客為中心」的哲學可以改變一切。你不能藉由創造理想化形象來建立你的品牌，幫助你實現目標，說實話，這種自我中心的品牌形象更像是「嗨，看著我」小子。換句話說，你不應該把理想化的品牌角色看作是一種虛假的，你應該創造新的、加強版的真實自己。

若你想要建立一個理想化品牌來獲知客戶的功能需求、以及他們的內心慾望（這更重要），若你想要建立一個能引起消費者共鳴的品牌，你就要讓他們知道：因為你的存在，他們的生活會更好。這個理想化品牌，就是你自己。

無論你是一名青少年偶像，想與滿懷希望的高中生一起創造浪漫的未來，還是一名醫務人員，想與病人建立起信任的連結，這個理想化的自我——即坎伯「英雄之旅」中的英雄——滿足了顧客的需求與慾望。這種方式同樣適用於希望與員工建立忠誠和奉獻關係的CEO，希望與子女建立良好關係的父母，以及希望吸引穩定顧客的網路品牌經理。政治家們正是憑藉這種高度的自我意識吸引我們，缺乏高度自我意識會將支持者們推開。正如前文中提到的，巴拉克·歐巴馬的「是的，我們能！」說服了三分之二的首投選民，讓他們把二〇〇八年總統大選的選票投給自己——伊利諾伊州的新人參議員。

儘管我們願意相信，年輕的美國選民選擇歐巴馬並沒有受到情感上的影響，但現實迫使我們接受，他們的投票決定實際上是競選訊息與自己產生共鳴的結果。「是的，我們能！」是積極、包容、有抱負的，這是候選人能提供的最好東西——不僅是最好的自己，也是選民們在自己身上看到最好的一面。

「是的，我們能！」是真正的「以顧客為中心」。

「以顧客為中心」是以他們的熱情為中心

正如前面所討論的，要想深入了解他人，最重要的方法是詢問他們的愛好，而不是他們的職業。一旦你這樣做，你就打開了一個讓人興奮的知識寶庫。

雖然我們有著不同的熱情和愛好，但對它們的看法卻非常相似。也就是說，我們都懷著興趣和激情追求自己的熱情所在，並獲得許多我們渴望的神祕知識（儘管周圍大部分人對這個話題並不感興趣）。

熱情的力量就在於：我們關心不同的事情，但我們都是以相同的方式去關心。

幾年前，我嘗試過汽車越野賽（Autocross）。這種運動的特點是，你必須與其他車手競速，但你不會與其他車手同時出現在同一條賽道上。這意味著，你可以駕駛適當改裝過的普通車去比賽，不必擔心與其他車發生碰撞事故，弄壞車或弄傷自己。不過，說是賽道感覺有些用詞不當。大多數的比賽都是在機場、大學、購物中心、棒球場等地方的大型停車場舉行。這些地方有大片的柏油路面可以圍起來供比賽使用。

我駕駛一輛一九八四年的保時捷卡雷拉（Porsche Carrera），加裝了平衡桿，換上一套更軟的複合橡膠輪胎。除了這幾處的改裝和我鮮豔的紅色頭盔，這輛「賽車」

——同時是我每天上下班的通勤車——與工廠裡的其他車沒有什麼不同。不過，我仍然以面對一級方程式大賽的熱情參加比賽。我在賽道旁走來走去，和其他車手交談，比較彼此的車輛。汽車越野賽就是我的熱情所在。

某個星期六，我妻子隨我一起參加比賽。她和我一起在場地裡閒逛，與我一年多來認識的「賽車手」們聊天。期間，我與一位車手聊了很長時間，內容包括通貨膨脹、RSR配件、懸掛系統設定、型號命名等。當然，我妻子根本不知道我們在說什麼，她有點不開心。她問那位車手的女朋友，是否聽得懂我們的對話。

「一點也不，」車手女友回答道，「我不會說保時捷語。」

巧合的是，第二天在費爾柴爾德熱帶花園（Fairchild Tropical Gardens）有一個蘭花節。我妻子十分喜歡園藝和蘭花，她問我是否願意和她一起去。雖然我對蘭花的關心，就像她對老舊跑車的關心一樣少，但我認為這是對她昨天陪伴我的回報，所以答應了她。

這次活動十分盛大。數以百計的攤位展示並銷售石斛蘭、萬代蘭、卡特亞蘭、文心蘭，以及你無法想像的異國品種。穿著涼鞋、戴著鬆軟帽子的人們在花園裡走來走去，他們的胳膊上掛滿了盆栽植物和肥料，手上還拿著蘭花培育書籍。

最有趣的，是蘭花愛好者們之間的談話。他們會談論「一般根繫結構」、「適當補水和維生素補充劑」以及「最佳陽光角度」，他們的熱情和談論內容與我在談論「輪胎黏合劑」、「潤滑油黏度」、「模型命名差異」時完全相同。蘭花愛好者的情感對象與賽車者的情感對象完全不同，但他們的情感投入是完全相同的。雙方都以同樣的熱情談論著各自的話題。

有一句關於宗教狂熱分子、政治狂熱分子和基要主義者的古話是這樣說的：「你不能從邏輯上說服一個人從『他根本沒用邏輯去思考的事情』中脫離。」這句話解釋了為什麼事實無法凌駕於信仰之上。熱情是一種強大的力量，可以耗盡任何擁有它的人的精力。

所以說，觸發熱情是一種強大的「以顧客為中心」的方式，可以建立品牌意識，建立與消費者之間的連結並最終說服他們。

追蹤熱情

大部分人都會透過數位設備（智慧型手機、平板電腦、筆電、桌上型電腦）使用某種聯絡人管理系統。不管你用的是微軟Outlook，蘋果郵件，還是更強大的客戶關係管理系統（CRM），如ACT!或Salesforce，其基本操作是相同的，你需要把相關訊息（如姓名、地址、電話號碼和電子郵件）填寫到指定位置。儘管這些訊息至關重要，但對於建立一段穩定的關係來說，它們是遠遠不夠的。了解、理解和追蹤聯絡人的熱情所在，才是能夠幫助你實現目標的關鍵。

大多數客戶管理程式都允許你建立自定義欄位。既然有人用這個功能追蹤聯絡人的年齡和他們孩子的訊息，為什麼不能用它來追蹤聯絡人的熱情所在呢？這將使你與聯絡人的關係變得更加親密和個人化，因為你知道他們關心的是什麼。

SMIRFS

把I變成U，SMURFS是住在森林裡的可愛藍色卡通人物：藍色小精靈；把U變成I，SMIRFS是人類熱情要素的縮寫，包括有：社會（society）、環境（milieu）、興趣（interest）、宗教（religion）、同好（fraternity）和物質（substance）。

社會

社會關係是熱情和興趣的真正來源。如果能知道人們從哪裡來，受過怎樣的教育，他們崇拜哪些人，這些可以幫助我們更快、更深入理解人們，迅速拉近與他們的關係。

例如，當我發表演講時，我總是加入一兩個西班牙語或意第緒語（**Yiddish**，屬於日耳曼語，大部分使用者為猶太人）單詞，擁有這些語言背景的聽眾會注意到這點，在他們心裡與我的關係會更親密一些。不熟悉這些語言的人則會自動跳過這些詞彙。

我大多是在提及祖父母時使用外來語。例如，當我提到妻子的祖母時，我會說：「所以我特意看了看**Abuela**是不是睡著了。」**Abuela**是西班牙語「祖母」的意思，講西班牙語的聽眾會注意到這一點。

在一個關於耐吉和品牌理念的故事中，我這樣形容我的祖父：「這件事讓我想起我的**Poppa**。我和他說：『**Poppa**，我不認為我能在代數測驗上拿到高分。』他告訴我：『沒事的，**boychik**，去做就好。』他還會問我是否有女朋友，我告訴他我對某個女孩感興趣，但我不敢約她出來。他拽著他的山羊鬍，對我微笑說：『像你這樣的英傻男孩怕什麼？打電話給她，現在就打，boychik。』」

Boychik是意第緒語中表示憐愛的詞彙，這個詞不僅加深了我與祖父之間的感情，也讓聽眾中的猶太人知道我是他們團體中的一員。Boychik和abuela讓我與聽眾建立了寶貴的連結。

環境

和社會一樣，環境是建立和理解熱情的絕佳方式，它是熱情的巨大源泉。紐約人、巴黎人、洛杉磯人和倫敦人有著不同的自然環境與社會環境體驗。僅僅知道這一點，就能幫助你了解紐約人關心什麼。

環境不僅僅指地理環境，它還包括政治、教育、軍事以及其他影響一個人自我認知與興趣的環境。但是，你必須小心，不要盲目地認為環境會準確地暗示一個人的熱情。例如，我和我的會計師朋友史蒂夫・德馬爾（Steve Demar）一起去佛羅里達大學。我對學校足球隊和鱷魚吉祥物只有短暫的熱情，但史蒂夫卻是校隊的超級球迷——被稱為「公牛鱷魚」（Bull Gator）的死忠粉絲。

最近，我到佛羅里達大學做了一場關於打造品牌的演講。會後主辦方送我一個漂亮的袋子，裡面裝滿了印有鱷魚圖案的東西：一支有鱷魚形筆夾的鋼筆、一件胸前口袋上印有藍色佛大標誌的高爾夫球衫、一頂佛大的棒球帽、一個印著佛大標誌的皮質名片夾。

我知道人們對轉送的禮物往往不屑一顧，但當我把這個袋子送給史蒂夫時，他高興得像個要拆聖誕禮物的小男孩。袋子裡並沒有什麼貴重物品，史蒂夫可以隨便買上一堆佛大的紀念品。但這不是重點，關鍵是史蒂夫的生活環境為他創造出一種對佛羅里達大學的熱情，這種熱情可以讓我為史蒂夫創造一個「以顧客為中心」的激動時刻。

興趣

興趣，如保時捷的越野比賽和種植蘭花，是決定一個人熱情的關鍵。

音樂是我的畢生愛好之一。從六歲起，我就是披頭四的狂熱粉絲。從八歲到十三歲，我一直在上古典鋼琴課。初中和高中時期，我的一切都圍繞著小號，大部分空閒時間（和我翹掉的所有課）都在樂團練習室或管樂團、爵士樂團的排練中度過。我甚至參加了兩個夏天的樂團夏令營。那時，我聽的是「芝加哥樂團」（Chicago Transit

Authority）、「血汗淚」（Blood, Sweat & Tears），以及「逐樂團」（Chase）。

進入大學後，我沒那麼多時間去聽音樂。雖然我是一個很好的吉他手，喜歡在樂團裡演奏，但這主要是為了結識女孩。畢業後，我忙於創業、建立家庭，更沒有多少時間玩音樂了。

我在三十歲生日的時候，和朋友瑞克（Rick）一起喝啤酒，談論音樂。瑞克在成為廣告文案撰稿人之前，是一名專業小號手，曾與我最喜歡的幾個樂團和歌手一起演奏，包括芝加哥樂團和馬文・蓋（Marvin Gaye）。雖然我懂音樂理論、古典音樂史和現代音樂史，但對藍調（blues），爵士樂和搖滾樂的起源卻一無所知，這令瑞克十分吃驚。為了替我上這堂音樂課，瑞克錄製了兩卷卡帶，都是經典的藍調音樂——索尼・波伊・威廉森（Sonny Boy Williamson）、「嚎狼」（Howlin' Wolf）、穆迪・瓦特斯（Muddy Waters）、斯姆・哈波（Slim Harpo）、貝西・史密斯（Bessie Smith），以及其他偉大樂手的作品。

對我來說，這簡直是天啟！這兩卷卡帶上的所有音樂都深深地吸引了我——流動的節奏、激情的歌聲，以及滿溢的真實情感。這些歌曲讓我晃腳搖屁股，臉上帶著痴迷的微笑。我注意到，我最喜歡的歌曲都有一個共同之處：它們都在布魯斯口琴的悠揚聲中結束。

幾年後，我成為重度藍調成癮者。有一次，我在機場候機時，在禮品店發現一本薄薄的書，名為《口琴吹奏初學者指南》（*The Klutz's Guide to Playing the Harmonica*，書名暫譯），書上夾著一個紅色的小網袋，裡面有一個全音階口琴和一卷教學卡帶。一開始，我認為這是送給孩子們的好禮物。但在航班延誤的等待期間，我為了打發時間開始讀起這本書，結果一發不可收拾。當飛機著陸時，我迫不及待衝進我的車，想儘快聽卡帶裡的內容。

就像許多活動（高爾夫、烘焙、繪畫）一樣，口琴很容易上手但很難精通。正如已故偉大口琴老師鮑伯・沙特金（Bob Shatkin）所說，想要演奏好布魯斯口琴，關鍵在於「讓這個尖銳的小樂器聽起來像貨運列車般沉重」。

每次我開車時，都要找機會仔細閱讀這本書，然後再聽一遍卡帶。無論走到哪裡，我都會找時間進行練習。我甚至還參加了私人課程，遇過幾位老師，最終找到一位可以讓我真正學到東西的老師。

二十年後的今天，如果我的口袋裡沒有口琴，公事包裡沒有一套六孔或十二孔的口琴，我哪兒也不會去。看到有人在街頭演奏賣藝，我會拿出我的口琴詢問是否可以加入。我曾在倫敦地鐵和一位小提琴手一起演奏，在普羅旺斯的小鎮廣場與爵士樂團一起演奏，在柏林和一位手風琴家一同演奏。我甚至在巴黎地鐵與另一位口琴手一起演奏。他不會說英語，我的法語更糟，但我們仍然能夠交流互動，分享我們最喜歡的即興旋律。在美國各地的俱樂部和派對上，我曾與著名的樂團以及不知名的樂團共同演奏，我甚至在拉斯維加斯和荷西・費里西安諾（José Feliciano）一起上台。我在世界各地結識了很多很棒的朋友，我和他們一起演奏音樂、用電郵傳送MP3、分享口琴文章的連結。

我的工作中包括幾乎每週一次的演講，我發現站在人們面前時，口琴演奏是效果很好的破冰方法。我的口琴演奏會讓聽眾們知道，我不會給他們那種充斥著無聊廢話的演講。我的音樂向聽眾證明了我的第三本著作——《打造品牌價值：可複製傳播的七個簡單步驟》（*Building Brand Value: Seven Simple Steps to Profitable Communications*，書名暫定）——提到「創造差異化」在建立品牌價值中的重要性。我讓聽眾們知道，我不認為自己是高高在上的大人物。我發現在講台上最難忘的部分是演奏巴哈的〈G大調小步舞曲〉和索尼・波伊・威廉森的〈桃樹〉（*Peachy Tree*）。

我對口琴的熱情已經成為我個人品牌中不可或缺的一部分，我的名片上印有電子信箱和口琴圖案，有人會將簽名口琴作為禮物送給我。最重要的是，我依舊會抓住一切空閒時間聽口琴音樂，練習口琴演奏。

宗教

與社會、環境和興趣一樣，宗教也是了解他人所關心事物的重要途徑。與性愛和政治相同，宗教常常是日常談話中避免觸及的話題，以免冒犯他人。不過，了解他人的宗教信仰可以幫助你理解他們是誰，他們關心什麼。

我的觀點並不是說，你應該評判他人的信仰。相反，你應該理解他人對自己宗教信仰的重視，以及他們的信仰如何影響他們的思維方式和價值觀。

宗教不僅是熱情的源泉，它還可以引導人們產生其他的熱情，這些熱情來自於他們對信仰的認識、承諾和體驗。

同好

我妻子的祖母經常說：「Dime con quién tu andas y te diré quién eres。」翻譯過來意思是：「告訴我你和誰在一起，我會告訴你，你是誰。」當然，更常見的話是：

「物以類聚，人以群分。」不管用什麼語言，話裡的意思都很清楚：同好關係是探查他人興趣和熱情的好方法。

球隊、樂團或者其他擁有共同連結、共同目標或共同興趣的團體，其力量是巨大的。透過志同道合的人群產生的團結感，品牌可以與消費者建立強大的情感連結、增強忠誠度、刺激銷售，甚至克服品牌危機。因此，一個特定品牌擁有高度興奮和忠誠的瘋狂粉絲也就不足為奇了。很多人對他們所愛的人或物極其熱衷，甚至會產生高度自我認同。

流行歌星小賈斯汀（Justin Bieber）的狂熱追隨者被稱為「Beliebers」；死之華樂團（Grateful Dead）的粉絲是「Dead Head」；泰勒絲・斯威夫特（Taylor Swift）的粉絲是「Swifties」；碧昂絲（Beyonce）有她的忠實粉絲團體「Bey Hive」；吉米・巴菲特（Jimmy Buffett）有他的「Parrot Head」（鸚鵡頭）。

不僅僅是歌迷們有自己的暱稱。狂熱的《星際迷航記》（*Star Trek*）觀眾是「Trekkies」；蘋果產品的忠實用戶被稱為「Fanboys」；汽車品牌愛快羅密歐（Alfa Romeo）的粉絲是「Alfisti」；喜歡法國的旅行者和語言學家都是「Francophiles」；保時捷跑車的粉絲們是「Porschegeuse」。

同好關係是連結消費者的強大方式。你可以使用這種方式將自己的品牌與消費者串連起來，讓狂熱的消費者享受這種關係，並透過吸引更多粉絲保持甚至加強熱度。

雖然口琴是我的興趣和熱情所在，但你的愛好可能大不相同。或許你喜歡收集郵票、打網球、潛水、寫詩，或研究美國內戰的戰鬥策略。熱情與愛好因人而異，各不相同，因此我們需要對他們的熱情進行分類，分辨出是否適合我們的品牌形塑。

物質

「物質」是指不屬於社會、環境、興趣、宗教或同好範疇，是有意義的聯結的總稱。有多少人就有多少種熱情，對熱情的新分類會隨著科技的飛速發展而迅速出現。

更重要的是，人們可以因為擁有不同的興趣被歸入不同的類別。正如十六世紀的散文家米歇爾・蒙田（Michel Montaigne）對自己遊蕩心靈的描述：「我不能讓我的主題靜止不動。它昏昏沉沉、踉踉蹌蹌，帶著天生的醉意。」

其實，你如何將他人的熱情分類並不重要，重要的是你要關注他們。這種關注才是情感產生連結的來源。

在整本書中，我們一直在談論如何將聚光燈從你和你的品牌身上，轉移到你現有和潛在的客戶身上。但談到熱情時，你必須表達出你對某種興趣的承諾。因為有些時候，要想做到「以顧客為中心」，你必須先做到「以自己為中心」（All about You）。

別過度宣傳，要在介紹中放入實質內容

當廣告公司開發新客戶時，創造性的演講介紹必不可少。這是公司表現其能力的機會。當然，最好的公司總是會極盡誇張地設計、編排，精心擺設讓每個構成要素都達到最好的演出效果，就像百老匯舞台劇一樣。

高級客戶開發顧問羅柏．海（Robb High）解釋說，雖然大多數公司認為這種演講介紹是為了吸引潛在客戶所做的準備工作，但這並不是演講介紹的真正目的。這類活動的目的更像是第一次約會，讓潛在客戶對於與公司合作的感覺有所了解。明白這一點後，我的廣告公司總是以「讓潛在客戶了解我們多一點的目標」來準備演講和介紹手冊。比起僅僅說明公司資產和業務類型，如此做的效果要好得多。

除了介紹我們的服務、凸顯我們的業務經驗，我們的內容還包括了那些將為潛在客戶服務的人員介紹和圖片。出於我們對SMIRFS的重視，人員介紹中不僅包

括職業和教育經歷等訊息，還包括他們的熱情與愛好，像是對於自己最愛做的事情另附照片和描述。我的搭檔羅伯托．沙普斯（Roberto Schaps）在介紹中談到他對旅行和美酒的喜愛。我們的兩位藝術總監描述了他們對自行車比賽的熱愛，一位喜歡公路自行車，另一位喜歡野外騎行和小輪越野車。我的個人簡介中描述了我對音樂的熱愛以及參演過的樂團。我們的公關總監則是談到她對時尚和潮流的熱愛。

沙漠之子

幾年前，我們參加一家大型媒體公司的代理商審查會。我們為這次活動精心準備資料，其中包括我們的媒體總監亨利（Henry）——一位傑出專家的個人小傳和照片。亨利擁有豐富的廣告發行專業和經驗，是經典喜劇演員史坦．勞萊（Stan Laurel）和奧利佛．哈迪（Oliver Hardy）的忠實粉絲。他對這兩位演員的狂熱，讓他成為邁阿密當地勞萊和哈迪粉絲俱樂部的主席，這個俱樂部名為「沙漠之子」（取自一九三三年這兩位演員主演的同名電影）。我們認為，聊一聊亨利參加的邁阿密帳篷（「帳篷」是該組織的一個地方分會），是向新客戶介紹他的好方法。

但亨利感覺很丟臉。他抗議這個提議，因為大部分人都認為他的愛好很愚蠢，他妻子和女兒對他的愛好也感到非常尷尬，尤其是他穿著亮紅色沙漠之子服裝參加俱樂部集會時。不用說，我們不同意他的抗議，並說服他提供一些「帳篷」的照片給我們放在公司宣傳手冊中。

在演講介紹會上，我站在客戶一行八人面前，介紹我們對客戶的行銷策略計畫，正當我要公布新的廣告口號時，一個穿著深色西裝的大個子打斷我的話。

「嘿！你們的手冊裡寫說，關於勞萊和哈迪的這些東西是什麼？」客戶的公司總裁邊問邊揮舞著我們的宣傳手冊，「這個叫亨利的是誰？」

我開始解釋說，亨利是我們的媒體總監，也是當地「沙漠之子帳篷」的主席。我一邊說一邊望向亨利，伸手向他示意。亨利的眼睛瞪得像盤子一樣大，他看著我，臉色蒼白。

「好吧，到外面來，跟我說說粉絲俱樂部的事吧，亨利。」這位總裁大聲嚷道，一邊指著會議室的門，一邊從會議桌上站起來，「我的團隊可以繼續觀看剩下的介紹，但我想知道更多關於沙漠之子的事。我愛死勞萊和哈迪了。」

亨利和總裁一起走出去，一直在走廊上談論勞萊和哈迪的經典喜劇電影，直到會議結束。不用說，亨利留給總裁很好的印象，儘管他完全沒有向這位潛在客戶提及廣告計畫和媒體策略。

雖然亨利沒有展現他的專業知識和能力，但他展現了自己的熱情，並與我們的潛在客戶建立起情感連結。你問我審查的結果？顯然是亨利的熱情所帶來的連結關係比另一家廣告公司的策劃能力更有價值。

當然，我們很幸運，客戶公司的總裁與我們媒體總監具有相同的愛好，但是，即使有著運氣的成分，如果一開始我們沒有勇氣表現出我們的熱情，就永遠不會知道客戶總裁有相同興趣，更不用說運用它為我們謀取利益了。

這個故事的寓意很簡單：無論你的愛好是什麼，都要讓它成為你生活中重要而公開的部分。分享你的興趣，尋找志同道合的人，並將你的熱情融入你的個人生活和職業活動中。你會發現分享你的熱情會讓你更有趣、更平易近人、更令人難忘。你的熱情，以及你對它全心全意的表達，將成為吸引人們的磁石。

更重要的是，分享你的熱情會有助於消除你對「自我推銷」（無恥地誇大吹噓自己）的擔憂。換句話說，分享你的熱情會阻止你成為「嗨，看著我」小子。因為，當你和他人分享你的熱情時，實際上是在餽贈：贈送你的知識、天賦和熱情。這些知識、天賦和熱情不僅表現出真實的你，同時也讓他們的生活變得更加美好。分享你的熱情可以幫助你「從以公司為中心的經營模式轉為以顧客為中心」。

Chapter 6

在他人的世界中定位自己

離婚律師

一對八十多歲的夫婦約見離婚律師。他們告訴律師，在討論了婚姻的起起落落之後，他們一致決定離婚。

律師很震驚，問道：「你們結婚多久了？」

「五十八年了。」老夫婦異口同聲。

律師又問：「你們對婚姻不滿意，想分開有多久了？」

「四十年了。」丈夫回答。

「至少四十五年。」妻子補充。

最後，律師問道：「那你們為什麼等了這麼久？」

老婦人回答說：「我們在等孩子們都死去。」

最偉大的世代

湯姆·布羅考（Tom Brokaw）寫過一本書，講述在大蕭條時期成長並於二戰中浴血奮戰的那一代美國人[38]。在序言中，布羅考把那個世代的人描繪成人類救世主。布羅考對他們及其功績印象深刻，稱他們為最偉大的世代。他花時間採訪他們，講述他們的故事，並對於他們的勇敢、犧牲和成就得出一個結論。

布羅考沒有談到「最偉大世代」之後的幾代人：嬰兒潮世代、X世代、Y世代、千禧世代等等。這幾代人與「最偉大的世代」有很大不同，尤其是在消費和選擇品牌方面。

雖然第二次世界大戰肯定不是最後一次美國年輕人為之犧牲的戰爭，但這是美國社會所有階級共同參與的最後一次戰爭。從韓國、越南到索馬利亞、阿富汗和伊拉克，有許多美國人在這些地區的戰爭中喪生，而第二次世界大戰卻是最後一次「把整個世代人都捲入並定義了這個世代」的戰爭，不管他們的社會地位、財力和教育程度如何。

因此，繼布羅考的「最偉大的世代」之後的幾代美國人，一直在尋找新的方式來定義自己，其中許多人將消費主義作為他們全面但膚淺的定義因素。

對於我們這些出生在「最偉大世代」之後的人來說，我們缺乏世界歷史級的自身定義，迫使我們四處尋找自己的定義。我們用自己擁有的東西和展現給世界看的東西來定義自己，而不是戰爭和犧牲。簡單地說，我們父輩以他們經歷的戰爭而聞名，我們這一世代人因自己購買的東西而聞名。

理解的捷徑

賓士、BMW和捷豹（Jaguar）的大黑塑膠鑰匙；豐田PRIUS門擋般的造型；被咬了一口的蘋果標誌在電腦和手機外殼上閃閃發光；雷夫．羅倫的馬球標誌、古馳（Gucci）的G字互鎖標誌。這些就是「未定義的一代」用來向世界展現自己是誰的標誌，而這些標誌都是尚未定義其代言世代、藉以用來告訴世界它們是誰的圖示。不知何時起，原本二次大戰鉚釘女工（Rosie the Riveter）的「我們能做到」，已經變為多代人的「我們能買到」。

甚至那些聲稱厭惡品牌和消費主義的年輕人，也會運用他們擁有的東西——從拖鞋到諷刺T恤，以及自己身上的紋身和穿孔等特徵——來建立自己在文青（hipster）或怪咖（geek）等現代群體中的地位。

正如整本書中多次討論的，品牌不是透過產品或服務所做的事情（功能）來定義，而是它們與消費者之間的情感連結、以及它們借給這些消費者的可辨識財產。

換句話說，**好的品牌會讓你感覺良好。偉大的品牌會讓你對自己感覺良好。**

偉大的品牌讓你自我感覺良好

我和跑步夥伴大衛在健身房談論我們參加過的某次大沼澤地越野賽跑。當我指出他的比賽時間比我短得多時，他卻對我的表現祝賀。

「這是一場偉大的比賽。」大衛說，「你和我做了同樣的事。」

「你在說什麼？你跑了五十公里，我才跑二十五公里，而且你每公里的用時都比我快。」我回答。

「不，我們做的完全一樣。我們都去參加了比賽，而且都拚盡全力。」

這讓我想起了在維多利亞時代的工人與老闆之間的對話：

富人對窮人說：「如果你向國王鞠躬，你就不必活得那麼貧窮。」

窮人對富人說：「如果你學會用更少的錢生活，你就不必向國王鞠躬。」

通常，介於成功和失敗之間唯一的一件事是：你如何塑造局面。

如果你能忍受我講另一個故事，我就說說我朋友亞當的經歷。

亞當一直在努力做運動訓練，我從來沒見過有人在凌晨五點之前訓練的。他在跑道上跑了一圈又一圈，精力充沛。通常，等我早上到健身房時，他經常已經快要完成他的運動。順便說一句，請不要認為亞當有很多空餘時間，所以才能這麼努力做訓練。運動外的時間，亞當經營一家財星五〇〇大公司，同時他還是一名了不起的父親、丈夫和社區公益人士。

有一次，亞當參加全美接力錦標賽，我迫不及待地想知道當時的情況。一週後，我看到他在跑道上擦汗。

「情況如何？」我問他。

「讓我告訴你在堪薩斯城發生了什麼……」亞當沮喪地說，「我們一名隊員沒有出現，於是我們找另一名選手接替他的位置，但他只有四十多歲，這意味著我們不得不從五十至五十九歲組降到四十至四十九歲這一組。」

「結果如何？」我問道。

「嗯，我們贏了四十至四十九歲組的比賽，但是該組沒有其他隊參加決賽。如果我們進入五十至五十九歲組，至少能得第三名。」

「你贏了？你贏得全國冠軍？哇哦！亞當，你在時間要求更高的年輕組別裡獲得冠軍，真是太棒了。」

「不，不完全是。我的意思是，技術上來說我們是贏了……但並沒有真的贏。這不是我們訓練的目的。」

你看到了嗎？亞當進行了幾個月的訓練，克服了失去一名隊員的困境，並贏得全美冠軍，他卻將這一切全盤否定，只是因為沒有按他希望的方式進行。我查過比賽資料，如果不是公平公正地真正贏得比賽，大賽的官員是不會把獎盃頒發給你的。

在你評判亞當之前，想想你上次做同樣的事是什麼時候。

或許是他人稱讚你看起來多有精神、多好看，你輕蔑地說：「我？不，我的頭髮看起來糟透了……我至少還要減掉九公斤才行。」

或許是你在正確的時間、正確的地點認識了正確的人，進而找到新工作或贏得新的生意，但你卻不想為此慶賀。或許你推掉了僅僅是因為幸運而獲得的明智投資或商業決定。為什麼我們願意為自己做得不好或根本沒做過的事情而自責，卻又如此不願為自己實際獲得的成就而接受讚揚呢？

當一個公司圍繞在自己的弱點建立品牌計畫時，可以隨時在其市場行銷中看到這一點。他們會列舉出各種能讓顧客們認為他們強大、可信的事物，卻從不談論「**對顧客來說什麼最重要**」。

但精明的行銷人員不會談論自己。他們就像你最好的朋友一樣，專注於那些「可以幫助顧客克服自己負面情緒」的事情。像朋友一樣，好品牌會讓人感覺良好。但是偉大的品牌會讓人們對自己感覺良好。

從最偉大的世代到最優秀的品牌，祕訣**不僅僅是提供偉大的產品或服務，還在於提供一種手段，讓顧客將你提供的東西內化，並運用這種品牌認同來告訴世界，他們是誰，為什麼他們很重要。**

如何與消費者建立連結

正如我們所看到的，建立品牌價值的最好方法是，「以顧客為中心，創造他們的自我認同」，甚至能讓他們用來告訴其他人：「他們是誰，為什麼他們是重要的」。從小賈斯汀的粉絲「Belieber」到巴里·馬尼洛（Barry Manilow）的粉絲「Fanilows」，這種連結感可以創造一段更持久的關係。

一項由三星資助的研究，調查了消費者的品牌認同對品牌資產價值的影響[39]。研究人員發現，品牌與消費者之間建立的積極關係，對品牌親和力及品牌忠誠度有顯著的重要影響。

二十世紀，解決消費者識別的方案是創造顯眼的品牌制服，用戶可以穿上這些衣服表示自己的忠誠。就像美國獨立戰爭期間，英國士兵穿著紅色制服表示對王室的忠誠一樣，因此英軍被稱為「紅衣軍」（Redcoat）。這種品牌連結方式簡單而普遍，可以讓消費者輕鬆地傳播他們的熱情與歸屬感。

耐吉的勾勾、愛迪達（Adidas）的三葉草，它們的作用與賓士車頭豎起的車標、路易威登（Louis Vuitton）疊加在一起的首字母標誌，具有相同的用途。如果與會者的馬球衫、棒球帽和背包上沒有醒目的標誌，那麼任何企業的高爾夫大會都是不完整的。然而，事情變得越來越糟，在顯眼的品牌標誌變得如此普遍的今天，不止一家公司建立了淡化辨識度的品牌。

義大利時裝公司寶緹嘉（Bottega Veneta）使用了「當你自己的名字已經足夠時」這句廣告語，強調它淡化品牌識別的意識。它銷售這個違反直覺的想法，狡猾地暗示：由於優秀的品牌品質，即使缺少品牌識別標誌，知道的人仍然會辨認出這個品牌。另一方面，不能識別出該品牌的人也缺少相應的社會地位，不值得關注。當然，儘管寶緹嘉的設計師支持「無聲的品牌訊息」，但其代表性的皮革編織手法依然有很高的辨識度，就像你一眼可以從眾多格子樣式產品中認出Burberry一樣。

比利時的時裝設計師馬丁・馬吉拉（Martin Margiela）也在努力創造一種「無品牌」的審美風格，儘量淡化公司的存在。即使如此，這家公司還是非常重視用戶對產品風格的反應，而且「不僅僅是透過標籤來表達品牌的想法」，他們使用普通且無標記的白色標籤，或是上面有從零到二十三的隱密數字但可識別的標籤，藉此讓產品與眾不同。

正如最新科技的用戶所說：「那是五分鐘前的事了。」在今天，由於完全透明的數位媒體環境，一個品牌的地位是很容易確定的。更重要的是，由於網路上和海外的假貨數量不斷增加，一支漂亮手錶上的勞力士（Rolex）標誌或一雙紅色麂皮豆豆鞋上的法拉利飛馬標誌，都不再能證明產品真假。

如今，企業對自家商標的監管越加困難與昂貴。在這種情況下，最重要的是：開發一群關心品牌真實性、並以捍衛品牌利益為己任的熱情用戶群。今天，品牌傳播必須從「以公司為中心」轉向「以顧客為中心」（company centric to consumer centric，CC 2 CC）。

CC2CC：「以公司為中心」轉向「以顧客為中心」

我正為《財星》（*Fortune*）一〇〇大公司年度創新峰會的演講做準備，會議專案負責人問我：「你認為自己的朋友、父母或兄弟姐妹形容『你』這個個人品牌的第一個詞會是什麼？」

我根本不用考慮這個問題，所以我快速回答「有創意」。畢竟，我是個從小到大參加過藝術課、寫作課、管絃樂團、搖滾樂團的孩子。我還擁有藝術和設計學位。「創意」是描述我個人品牌的完美詞彙，起碼我認為是這樣。但在我發出電子郵件詢問之前，我想起一段經歷，那次經歷讓我看到了一個完全不同的個人品牌描述，也許更準確。

幾年前，我的公司考慮在每個人的辦公室門上加上名牌，以便潛在客戶上門時有機會了解所有人。但有人指出，沒有人會記得一堆名字（帕姆、卡羅萊納、艾莉森、瑪莉莎、湯姆、特雷西、荷西等等）。他建議我們在辦公室門上的名牌加描述詞。我們認為，這個想法不僅有實際意義而且很有趣，甚至能引發潛在客戶與我們進行對話。

在週五早餐會上，我們將這個計畫通知了每個人，並要求所有人在下週一都要提交各自的描述詞彙，否則我們就直接指派了。但隨後我就去出差，一直沒來得及交出自己的個人品牌詞彙。當我回到辦公室時，個人詞彙已經貼在門上。我們的財務長是「周到的」；一位藝術總監是「多姿多彩的」；我們的會計是「忙碌的」；我們堅忍的生產經理頭銜是「鎚子」。我辦公室的門上也有描述詞，但奇怪的是，它並不是「有創意的」。

在前面，我們一直在說建立品牌是需要「以顧客為中心」的思維方式。因為**在今天的互動環境中，每個人都可以傳遞訊息。也就是說，你的品牌是什麼不再由你決定，你的顧客會決定並將它推廣出去。**

正如我的同事和我對自己的個人描述完全不同，你的顧客對你、你的公司、你的產品和服務的看法也可能完全不同。如果你不知道顧客們的想法，你就無法進行行銷。

哦，對了，我門上的詞是什麼？「緊張」。緊張？我嗎？好奇怪。

樂於改變

我有幸參與的最大專案之一，是為不同的百加得產品建立品牌和行銷方案。

我們依照不同的觀眾群製作出一系列宣傳節目，每一段都針對不同的需求、口味和慾望。我們開發了百加得黑魔法（Bacardi Black Magic）來推銷百加得的黑蘭姆酒（與蔓越莓汁混合），是瞄準在飯店吧檯旁那些背景複雜的飲者們。我們製作了百加得健怡可樂（Bacardi Lite and Diet Coke，「只有六十六卡路里」），推銷給關心口感和體重的三四十歲女性。我們為墨西哥主題酒吧開發了龍舌蘭含量更多的百加得壁虎（Bacardi Gecko），還為萬聖節特別推出百加得蝙蝠之咬（Bacardi Bat Bite）作為節日特別版。但這一系列廣告中最有趣、也讓我們學到最多的，是百加得櫻桃炸彈（Bacardi Cherry Bomb）。

從整體看，我們的設定很簡單：確定目標客戶——大學酒吧裡達到合法飲酒年齡的客群，找出能讓他們把酒精飲料從啤酒換為蘭姆酒（特別是百加得黑蘭姆酒）的激勵因素。百加得選擇進入這個市場，是因為它之前在大學社區的市場占有率幾乎為零，所以任何針對這個市場的業務，都會對公司銷售數字產生明顯影響。

當然，我們是從市場研究開始。畢竟，要使一個品牌從「以公司為中心轉向以顧客為中心」，唯一辦法就是了解消費者是誰、以及他們關心的是什麼。

以下是我們發現的一些情況。

首先，年輕的飲酒者喜歡談論傳統好酒，但喝得卻很「甜」。簡單來說：他們喜歡表現得對酒精飲料很有知識，但傾向於喝更甜且不那麼複雜的雞尾酒。

隨著調查的深入，我們發現大多數的年輕飲酒者已經擁有自己理解和喜歡的酒精飲料，通常是蘭姆酒混合可樂或螺絲起子，因為他們喜歡可樂和橙汁，點這些飲料讓他們感覺很舒服，雖然裡面添加了酒精。

我們還發現，雖然年輕的飲酒者不醉不休，但他們喝酒的原因更是微妙，尤其是男性。已到合法飲酒年齡的男性告訴我們，他們喝酒是為了「獲得財富和幸運」。如果某個時候凡事不走運，就更有理由來上一杯了。

基於這一訊息，我們開發出一種名為百加得櫻桃炸彈的酒吧產品。這種酒是百加得黑蘭姆酒和櫻桃可樂的混合物，它絕對足夠甜，喝一口就能讓你的牙齒受傷。我們知道它絕對能讓目標客戶滿意。為了打開口碑，我們在酒吧裡張貼一系列海報，並且設置一個有趣的推廣活動叫：「打它！扔它！敲它！」活動邀請現場觀眾上台敲擊酒吧的玻璃酒杯，扔掉酒杯裡的酒，然後帶出一個特殊、上面有廣告圖案的特製玻璃酒杯，裡面放著一個有明亮紅光的櫻桃炸彈，炸彈的引信還在閃著火花。最後，玻璃杯上拉起一個橫幅，寫著酒的名字：百加得櫻桃炸彈。

但事實證明，這次行銷並不成功。然而對我來說，這是一堂非常棒的「以顧客為中心」課程。於是，我總結了經驗並與百加得的行銷團隊分享。

以下是當時情形。我站在百加得的小會議室前，準備提出我們的研究結果和解決方案。這個會議室布置得像教室一樣，能容納大約二十人。我方與百加得合作團隊的成員都在場，他們是二十多歲到三十歲出頭的年輕人，負責向剛剛達到法定飲酒年齡的年輕客群銷售百加得產品。他們明白，大家都在期待知道刺激消費的因素——百加得愛好者的回應，以及設計出能增加抽樣和銷售的飲品與促銷方案。

首先，我們展示我們在全美各地考察的不同酒吧的照片。然後，展示了隨機訪談對象們的照片。接下來，我們瀏覽一些圖表，這些圖表顯示了訪談對象的人數統計資料（例如年齡、收入、性別、教育水準）。正當我要進入更具體的事項，會議室的後門打開了，一個人悄悄地溜進來。

所有人的頭整齊地轉了過去，想看看進來的人是誰。那是個身材很好、長髮梳得整齊的中年人，他穿著淺綠色和奶油色且漂亮精緻的訂製運動服，這種配色我只有在歐洲見過。這種布料在最昂貴的賓士車內都不會顯得突兀。

我不知道他是誰，但他顯然很重要。他自信地站在會議室後面對我說：「請繼續，別管我。」我不知道還能做些什麼，於是繼續我的報告。在座每個人的目光就在會議室前後來回遊走。

當我講述研究的數字和實際情況時，那個人就靜靜地站在後面。最後，我們來到了題為「消費者動機」的部分。投影片投射在螢幕上，我開始解釋消費者真正購買的是什麼，他們關注的又是什麼。我深入解釋說，百加得品牌的傳統賣點——經典、品質和起源——都沒有進入消費者的考慮範圍。我說：「事實上，年輕消費者只有在吹噓時，才會關心品牌的這些特性。記住，我們已經看到，這些消費者喜歡談論老酒，但喝的都是甜酒。」

「對不起。」會議室後面的來賓打斷我的話，「我們的品牌並不是為那些『喝甜酒』的人所創。它是為那些有眼光、想要品味美好事物的人打造的。」然後他描述了祖父是如何從古巴出發，將配方小心翼翼地縫在衣服翻領後。他還介紹了整個家族如何被流放到波多黎各的海島上，又如何透過多年努力創造出世界各地都能買得到的最純淨的蘭姆酒。

很明顯，我是在和百加得家族的一員對話！他繼續動之以情地講述他家族的歷史和成就，並清楚表明我們對他家族產品的描述方式令他很不滿意。所有人都以尊敬或恐懼的眼神看著他，我不太確定他到底是誰。

最後，我們的來賓終於結束他的長篇大論，輪到我講話。

「恕我直言，先生，你上次買百加得蘭姆酒是什麼時候？」我問他。

「什麼？我一直在喝。」他的回答不太友好，可能是因為驚訝，「你希望我喝什麼？」

「對不起，我不是問你『最後一次喝』百加得是什麼時候，而是問你『最後一次買』它是什麼時候。我的意思不是說『在為品牌促銷的情況下你為酒吧的所有人都買一杯百加得』。」

他只是盯著我，所以我繼續說。

「你整個週末口袋裡只有二十美元、朋友叫你帶一瓶蘭姆酒來參加聚會，你最後一次遇到這種狀況，是什麼時候？你站在便利商店裡，你是要花十八美元買一瓶百加得，還是會花十二美元買一瓶波士頓老先生（Old Mr. Boston）。」

「波士頓老先生？」他插嘴說，「Pero qué mierda（什麼），你怎敢用那種貨色與我們的產品相比？」

「對不起。」我再次道歉，「我並不是說這兩種產品有可比性。我只是想說，一個口袋裡沒有多少錢的大學生，他的購買動機很可能與你不同。事實上，大學生們與在座每一個人的購買動機都有很大的不同。貴公司雇用我們，就是為了要了解真正刺激他們購買的原因到底是什麼。」

「我明白了。」百加得先生說，「既然你這麼說，我得承認我從來沒有這種經歷。我從來沒有自己掏腰包購買自家產品，我也從未擔心過買東西要花多少錢，或者我還剩多少錢。我不知道那些孩子為什麼要買我們的蘭姆酒。請繼續吧。」

我回到我的演講，分享了剩下的內容，然後進入打造品牌的工作項目，展示我們的創造性解決方案。當我完成時，這位來賓走到會議室前面，握住我的手感謝我們的投入。

雖然他很快就離開會議室，但我們的來賓讓我更加理解到建立品牌的重要性，以及充分了解預期的消費者心態。他願意拋開自己的觀點、經歷和偏見——不管它們有多重要、多根深蒂固——並完全接受別人的觀點，真是讓人大開眼界。即使我站在會議室前面，後面的來賓也為我上了最寶貴的一課。

與消費者的對話

有個古老的故事，內容是一個悲觀主義的父親，想給樂觀的兒子上一課。兒子唯一想要的生日禮物是一匹小馬，所以在兒子生日那天，父親打電話給飼料商，請他幫忙在兒子的臥室裡堆滿糞肥。

孩子回到家時，父親告訴他禮物就在他房間裡。孩子已經聞到糞肥的味道，他朝房間跑去，尖叫著說：「太棒了，你買了一匹小馬給我！」

過了一會兒，孩子又跑回來。他衝進車庫抓起一把鏟子，接著跑回臥室。

「你拿著鏟子要去哪，兒子？」父親故意問。

「我房間裡有那麼多糞便，」男孩跑過去回答說：「一定有一匹小馬在裡面。」

前幾天，我朋友大衛．帕克（David Park）把他在矽谷投資者會議上的記錄筆記寄給我看。此時，我想起了這個笑話。正如他所說，「這些話實際上是從人類嘴裡說出來的」。

「我們正漂游在社交流中。」

「群眾外包App發掘平台。」

「你能談談關於概念的啟發嗎？」

「現在，讓我們來談談如何破壞干擾者。」

「夥計，我們一直在重複我們的努力啊。」

「看來它正在尋找一個有根據的使用案例。」

「我們現在的重點是全球在地化（glocal）。」

「協同消費確實是一場革命。」

「Plat-ag。」（platform-agnostic的縮寫，意為平台中立性）

「你完成了有史以來最偉大的樞紐之一。」

「我們不以財務業績來衡量我們的成功。」

你能相信這些胡說八道一樣的術語嗎？這些話來自最優秀、最聰明的ＩＴ天才們，他們正忙於創立公司和機會，而這些公司和機會將為經濟注入活力，並造就未來的百萬富翁和億萬富翁。

行話能夠將特定人群和其他人區分開來。人們透過使用特殊設計的內部語言，表示自己被某個特定族群接納了。美國的總統選舉充滿了這樣的情況。政客和專家們會使用「暗語」向基層成員傳達不那麼政治化的訊息。一些簡單的民族俚語，比如前美國總統巴拉克．歐巴馬對餐廳收銀員說：「Nah,we straight（不用了，這樣就好）。」（此處用黑人語言說法，與他對話的收銀員一樣是黑色人種），可以有效地向某些族群發出訊號，表明自己也是「其中之一」。

但這樣的對話方式也會有反效果。比爾．柯林頓的「I'm fixin' to tell you（我很想告訴你）」是一種南方民間表達方式，這樣的措辭可以讓他與一些族群更加親密，但是會有被文雅選民疏遠的風險。保羅．萊恩（Paul Ryan，前美國眾議院議長）推崇哲學家艾茵．蘭德（Ayn Rand）的著作，是向茶黨（Tea party）保守派證明，自己與他們的經濟信仰高度一致，但這也讓宗教保守派深感恐懼。

人們根據自己的情緒做出決定，並用自己的智力來證明這些決定是正確的。通常來講，不是你說話的內容，而是你說話的方式最具情緒效應。當你想要在理性層面上吸引顧客時，一定要記住這一點。如果使用得當，行話和內部語言能幫助你做到這一點，因為它們能直接與對方的心對話。

但請記住，糞肥下面也可能沒有小馬的。

行話的力量和危險

我得坦白一下，幾個月前我忘了付帳單。我沒有任何理由疏忽，只是收到催款通知時我正處於低潮期，大腦徹底忽略了這件事。希望現在你讀到此處對我已經有足夠了解，不會對我太過苛責。讓我們繼續這個故事。

我的手機上出現一個不認識的號碼，不過我還是接聽了。對方一出口，我就知道她並不認識我，因為她把我的姓「TUR-kel」唸成了「Tur-Kell」，任何認識我的人都不會這麼唸。

「你好，請問是Bruce Tur-Kell嗎？」

「是的。」

「我是莎曼珊．史密斯，XYZ銀行的客戶服務人員。」（順便說一句，是很美的南方口音）

「請問什麼事？」

「你的帳戶沒有匯入。」（Your account didn't post）

「對不起？」

「你的帳戶沒有匯入。」

「我不明白。」

「你的帳戶沒有匯入。」

「我不知道那是什麼意思。」

「你的帳戶沒有匯入！」（她幾近咆哮了）

「我聽到了，史密斯小姐。我只是不明白你在說什麼。」

「我是說，你在XYZ銀行的帳戶。沒有。匯入（post）。」

「我真的很抱歉，但我不知道『post』是什麼意思。我知道部落格文章（blog posts），我知道燈柱（light posts），我知道郵件收發時間（post times），我知道寶氏麥片（Post cereals），我甚至知道驗屍（post mortems）。但我真不知道一個帳戶沒有『post』是什麼意思。」

「哦。我的意思是你的帳戶中有一筆帳單沒有匯入欠款。」

「你沒有……哦，你是說我付款晚了？噢，我可能忘記付錢了。等等，我去看看……，」我按了幾下鍵盤，「你說得對。我沒付帳單。我真是太蠢了。你為什麼不直接說？我會馬上處理。」

「謝謝您，先生。請問XYZ銀行客戶服務還能為您做些什麼嗎？」

「不，謝謝。感謝客戶服務提醒。我一掛斷電話就會處理好。」然後我真的處理好了。

你是否曾經和醫生說明病情時，他一直使用你聽不懂的醫學術語——不對稱胸廓迴流，或者，心臟去顫？你是否在面對會計時，因為折舊明細表、加速扣除、對帳或其他產業術語感到不知所措？你有沒有聽過別人用俚語說話，或使用內部語言講你聽不懂的笑話？你有沒有和那些說著你聽不懂的語言的人打過交道？

客戶服務人員經常會遇到一些困難任務，比如與憤怒的客戶溝通、解釋軟體的複雜用法，或者提醒客戶沒有按時付款；因此，對他們來說，使用簡單易懂的語言最為重要，它可以讓所有人的生活都變得更加輕鬆。

如果還不信，就做個小實驗，找其他國家的英語填字遊戲來玩玩。即使是最簡單的填字遊戲，也幾乎不可能完成。因為我們的母語是美語，我們不是在加拿大、英國、紐西蘭或印度長大，即便知道填字遊戲中每個單詞的意思，但是並不理解其背後的文化背景及線索的意義。不了解客服內部語言的普通客戶也是如此。

幾年前我在我們公司的創意總監索倫・蒂勒曼（Soren Thielemann）身上學到這一點。他在丹麥長大，大學畢業後搬到美國。由於索倫來自北歐，他能流利地使用丹麥語、德語和英語，而且他的西班牙語和法語也不錯。

索倫和我說了他的經歷，他曾經在歐洲為一家國際廣告公司工作，經常被外派到不同國家去製作電視廣告。等他跑完大半個北歐之後，公司又派他去瑞典、挪威和荷蘭等地。

「你在挪威怎麼製作廣告的？」我懷疑地問，「你會說挪威語嗎？」

「不太會。」索倫回答。「但如果不得不說，我也會一點。」

「你會說瑞典語嗎？」

「不會。但我能理解一點。」

我問遍了他曾工作過的國家，但他的回答總是一樣。他並不是真的會說這些語言，但他總是能挺過去。

有一天，整個創意部門都在吃午飯，索倫打斷我們的談話，他說：「我不知道你們在說什麼。」我十分驚訝，他至少能流利地使用三到五種語言，掌握的其他語言也足以讓他完成專業工作，而且他的英語流利得如同我和在座其他人一樣，但他卻不理解我們在說什麼。

我隨後明白了一件事，雖然索倫理解我們所說的話，但他不理解我們用來表達觀點的文化背景或術語。從體育術語、詞彙縮寫，到影視作品中的台詞和歌詞的引用，土生土長的人講的實際上是一種特定文化。無論是童年時代的《週六夜現場》（*Saturday Night Live*）節目，還是美國歷史政治事件，我們使用的訊息讓我們更加緊密，同時卻將他人排除在外。

有趣的是，我的這兩個故事對創造有效的「以顧客為中心」的語言都很重要。了解顧客的文化背景、教育程度，意味著你可以更容易與他們溝通，建立即時、融洽、深入的理解。

提及那些對顧客和對你自己都十分重要的事情，是展現關心、親和力、建立共識和親密關係的一種好方式。

世界上最真實的品牌

文化引用及行話的恰當使用，可以建立起「一對一」的親密關係，進而產生強大的顧客忠誠度。再配以品牌的自我真實表達，這種連結會變得更加緊密。要說明這一點，最佳的方式便是找尋這樣的案例：品牌所有者的「真實自我」與顧客的要求一致。

在本書中，我們談到了一些具有強大一致性的品牌。以下是這些強大品牌的代表（包括尚未提及的品牌）：蘋果、保時捷、BMW、沛納海（Panerai）、雷夫・羅倫、哈雷戴維森、PRIUS、拉斯維加斯、邁阿密和愛馬仕（Hermès）。

但是，我能想到的最真實的品牌案例，就是比爾・歐萊利（Bill O'Reilly，政治評論節目《歐萊利實情》主持人）。是的，我是認真的，是比爾・歐萊利。

在解釋我的想法之前，我先做一個預防性免責聲明。我在此既不寬恕也不譴責歐萊利的政治觀點及手段。為了說明真正的品牌價值概念，我盡己所能做到在個人、專業上、政治上的懷疑論者。這裡的重點不是評論事實，而是理解原理。你可能非常愛歐萊利，也可能十分討厭他（這兩極之間似乎也沒有多少中間地帶）。但是，請將個人觀點放在一邊，將歐萊利看作是一個「策略性使用文化語言、清晰表達真實自我，以及精心構建觀眾關係」的完美結合體。

我兩年前曾是《歐萊利實情》的來賓。該節目製片人希望能找到兩位行銷專家，針對ESPN（娛樂與體育節目電視網）的一個事件——不為某間天主教兒童醫院播放聖誕主題籌款廣告，接受歐萊利的訪談。我和一位朋友——科技及社群媒體天才彼得．尚克曼（Peter Shankman），受邀一起參加了該節目。

歐萊利爭辯說，ESPN的拒絕行為，就是他所說的「美國聖誕節戰爭」的最佳說明。如果歐萊利真的允許我解釋ESPN拒絕這個廣告的行為，我會告訴他三個原因。

首先，為了不冒犯觀眾，ESPN和其他電視網一樣，制訂了關於宗教訊息的政策。在你下結論之前，請先了解這些訊息：大多數美國人不介意基督教的資訊，且很多人會接受猶太教的訊息。那麼巴哈伊教（Baha'i）教義呢？巫術（Wiccan）布道呢？或者飛天麵條神教（Pastafarianism，鮑比．亨德森於二〇〇五年創立，聲稱世界是由一團飛行的義大利粉怪物所創造）？由於這些都是公認的宗教，根據美國《人權法案》中對言論自由的保障，電視網只有兩個選擇：限制所有宗教訊息，或者全部不限制。ESPN只是選擇了前者。

其次，ESPN和其他電視網一樣，有明確的慈善要求。我不確定，但是我敢打賭，ESPN的潛在廣告商沒有填寫過501(c)3表格（美國非營利組織成立時申請填寫的表格），因此電視網無法確定捐贈的善款是否得到妥善運用。如果廣告商沒有501(c)3資格，然後又濫用善款，電視網就會被追究教唆欺詐的罪責。引用Youtube紅人甜蜜布朗的話：「沒人有時間這樣做。」

最後，如果你看了那則廣告，你會看到小男孩戴著外科口罩，口罩上有個大大的紅色血漬。這會令你感到不適，沒錯吧？可以理解，沒有哪個電視台會希望自己的觀眾為了不想看到血液就切換到其他頻道去。

歐萊利是電視節目中收入最高的人物之一，他比我更了解這些事情。但是，向觀眾解釋這些情況，既無法宣傳他的品牌，也不會吸引他的觀眾。

歐萊利過著觀眾嚮往的生活，藉此有策略地打造出一個有抱負的品牌。他的目標觀眾群是那些心懷不滿、曾經是中產階級、普通市場的消費者。技術氾濫、少數族裔權利增加、低迷的經濟現實，以及年齡增長侵蝕著已有的生活方式，這些都令他們感到憤怒與不滿。因此，歐萊利巧妙地編造了危機，例如「聖誕節戰爭」，以迎合目標觀眾們。他先是激怒觀眾，然後提供節目來賓來讓觀眾們宣洩憤怒。透過這種簡單的方式，歐萊利擊敗了大部分富裕、衣著講究、受過良好教育、或許是少數族群的節目來賓，因為他的觀眾想打敗這些人，卻做不到。

藉由這種方式，歐萊利完美地將真實的自己與觀眾最深的渴望結合在一起，並創造出電視上最真實、最專業的品牌之一。

令人欽佩？也許不會。學習並且複製？絕對可以。

不管你對他的行為有何看法，剝離歐萊利的仇恨心理，你會發現他的品牌有很多值得學習和效仿的地方。

清晰並明確使用你的顧客的語言，可以與他們建立強大的連結。你真實地表達出他們的希望和嚮往，可以讓這種連結更加有力。

當然，歐萊利不是唯一一個使用強化負面來與消費者建立全面關係的個人或公司。事實證明，恐懼一直是連結和控制的絕佳工具。

運用恐懼心理的行銷

澳洲SAMS公司一直致力於特殊潛水服的設計與生產，以減輕人們對鯊魚襲擊的恐懼。

SAMS（Shark Attack Mitigation Systems，鯊魚攻擊減緩系統的縮寫）說，他們優化過的設計可以有效保護潛水者。該公司雇用的科學家解釋說鯊魚是全色盲，因此，設計人員選擇了他們認為能夠偽裝潛水者、阻退鯊魚的圖案。

此外，設計人員還研究了鯊魚不喜歡吃海蛇的理論，並以此創造出類似海蛇的圖案設計。但這種設計的實用性值得懷疑，因為科學家們承認這種說法只是傳聞。更重要的是，鯊魚會讓獵物處在自己的側線上，這是一組沿身體橫向排列的感受器，可以識別獵物產生的振動。

這些讓我很想知道，為什麼保護潛水者不受鯊魚的侵害是一個如此重要的課題。畢竟，雖然鯊魚襲擊的後果十分可怕，但這種襲擊在全世界每年只會造成四或五人死亡。每年因為鯊魚襲擊，在整個地球上有四、五人死亡——這比你能想像到的任何死因都要少。

光二〇一二年，全世界就有七百四十萬人死於心臟病，六百七十萬人死於中風，一百五十萬人死於糖尿病。對比這些數字，人們不得不懷疑，為什麼每年只有四到五人死亡的狀況卻有如此多的興趣和如此大的投資？

對於這些設計能否有效保護人類，我更關心的是其市場銷售情況。相較而言，SAMS不是出於保護人們免受鯊魚襲擊的目的投入所有資金，他們希望從人們的恐懼中獲利。

好吧，也許你並不潛水。你最接近鯊魚的情況可能就是隔著水族館的玻璃看看牠們，或者看電影《海底總動員》。那麼你為什麼要在乎？因為行銷和政客們會運用莫須有的恐懼來向你推銷商品和服務。

與恐怖攻擊一樣可怕的是，恐怖攻擊只是殺死數量有限的美國人，但它製造的恐懼卻是驚人的。更糟糕的是，潛在的恐怖攻擊可能已經成為政客們的重要議題，用以抓住被恐懼吞噬的民眾心靈，以及他們的選票。

製藥公司也會透過某些疾病銷售他們的產品，雖然這些病症經由飲食和增強運動就能很好地解決。

行銷人員利用的不只是對死亡的恐懼。聯邦快遞的「絕對、肯定一夜到達」這樣看似無傷大雅的口號，觸發了人們對錯過期限的恐懼。在二十世紀五〇年代後期，曾推出形象健康的年輕模特兒可麗柔，她的這句廣告語：「她有……還是沒有？」運用了女性害怕被他人知道自己染髮的心理（廣告詞意思是，她有染髮還是沒染髮，只有髮型師知道，因為染髮效果太過自然。該廣告成為經典廣告案例之一）。無論是「牛皮癬的心碎」還是「永遠不要讓他們看到你的汗水」，都運用了我們對身體問題的恐懼。即使是威而鋼（Viagra）說明書中（儘管很少讀到）的「如果你的勃起時間超過四小時」，也可以被視為行銷恐懼——害怕因持續勃起症造成痛苦（但是我必須說，這實際上是對該產品功能的誇耀）。

產品能賣出去，不是因為它們能做什麼，而是它們讓消費者感覺如何。雖然人們普遍認為美好的感覺會讓商品更加暢銷，但實際上基於恐怖心理的行銷活動更勝一籌。

每隔四年，就會看到許多總統候選人利用毫無根據的恐懼來吸引選民的注意，讓你投票給他們。我擔心他們已經在水中攪入太多的血液，越來越難弄清楚到底誰才是真正危險的鯊魚。這需要更多的教育和意識，來保護我們免受他們的攻擊，而不僅僅是靠SAMS的服裝。

危險的氣味會讓一群羚羊越過高高的草叢飛奔，響亮的聲音會讓電線上的雛鳥四散而逃，選舉言論也是一樣，它們會激起民眾們的恐懼，乖乖按總統候選人或政客們的安排行事；它們也能刺激消費者按照製造商和廣告商的方法進行購買。

但是，無論是增加消費者與品牌的連結，還是散播焦慮與恐懼，這些都是有效且常用來增加品牌凝聚力、刺激產出的實用方法。問題是，你更願意用哪種方法來打造自己的品牌形象？下一章將帶你看看如何以最強大、最積極的方式實現這一點。

Chapter 7

進入他們的心：帶他們從理智轉向情感

響尾蛇

一個小女孩在結霜的森林小徑上走著，這時她聽到求救的聲音。她看了看，周圍沒有人。然後低頭一看，發現一條響尾蛇盤踞在身旁的地上。蛇哀怨地看著她，發出微弱的嘶嘶聲：「救救我。」

「救你？」小女孩問，「我為什麼要救你？你是一條骯髒的毒蛇。你只想咬我一口。」

「不，」蛇嘶嘶地說，「我是一條神奇的響尾蛇。如果你救了我，我會滿足你的任何願望。外面很冷，我是冷血的，如果我不快點暖和起來，肯定會死掉。」

「我怎樣才能救你呢？」小女孩問。

蛇嘶嘶地說：「把我放進你的夾克裡就行。你的體溫會讓我暖和起來，我可以滿足你的願望。你不必擔心我咬你，因為如果我這麼做，你的身體就會變冷，我也會凍死。」

小女孩照牠說的做。她撿起冰凍的蛇，將牠塞進毛衣裡，然後拉上夾克。響尾蛇冰冷的身體緊緊地貼在小女孩溫暖的皮膚上。

過了幾分鐘，小女孩感到蛇開始蠕動起來。不久，響尾蛇暖和了過來，開始盤繞著她的腰。蛇的動作咯咯作響，小女孩也咯咯地笑了起來。

忽然間，小女孩感到一陣劇痛。她拉開外套的拉鍊，掀起毛衣，發現蛇的尖牙深深地扎進她的肋下。

「你做什麼？」小女孩驚恐地喊道，「你承諾過不會咬我的。現在我要死了，我一死，身體就會變得冰冷，你也會凍死。你為什麼要這麼做？」

「你為什麼感到驚訝？」蛇回答道，「你遇到我的時候，就知道我是什麼。」

你的真實隱藏在哪？

我們生活在一個不知不覺就會發生巨大變化的世界中，這些變化如此迅速、深刻、全面，以至於許多人仍在恍惚迷糊之中，不理解為什麼我們的舊習慣不再管用。正如我們看到的，許多曾經風光一時的產業和技術已經日落西山，風光不再。

在二〇〇七至二〇〇八年的經濟大衰退時期（Great Recession），如果你是一位收入豐厚卻剛剛被解雇的中階經理，你可能會發現你曾面試過的職位，現在已經消失不見。

多虧了科技的發展，許多公司可以生產出相當有品質的產品，不管它們身處在世界的哪個地方。如果你一直以產品的功能或性能為賣點，那麼你現在應該明白為什麼銷售會下滑，或者已經跌至谷底。

由於網路的普及和更快的遞送服務，消費者可以隨時隨地購買他們想要的任何東西。如果你是一家依賴於客流量的實體零售商店，你可能開始意識到，你的門市只是顧客們上網購買前的商品展示廳和體驗室。

如果你經歷到以上情況，很可能會想知道如何創造或重建你的生意。正如之前所說，答案很簡單：好的品牌會讓人感覺良好，偉大的品牌會讓消費者對自己感覺良好。消費者希望品牌能夠兌現他們的承諾，同時提供良好的正面體驗。

以哈雷戴維森為例，其高級副總裁兼行銷總監瑞徹（Mark-Hans Richer），在接受《紐約時報》訪問關於哈雷第一輛電動摩托車時說：「要成為真正的哈雷……它必須酷[40]。必須讓你覺得自己很重要。」當問及技術細節時，瑞徹補充說：「我們還沒有進入規格戰爭。關鍵是你騎著它的感覺如何。」

創造這種感覺的方法就是「表現出品牌的真實本質」。哈雷品牌的核心不是一個浮誇、面向所有人的通用設備製造商；它是使用皮革、橡膠和鉻合金精細製作的設備，表達出公司品牌的簡單真實品味。哈雷的顧客對哈雷的期待，就如同工程師對特斯拉、音樂家對E街樂團（E-Street Band）、大廚對裝滿新鮮食材的卡車、軟體工程師對Adobe、運動員對美國足球隊、飛行員對美國海軍「藍天使」特技飛行隊（Blue Angels）的期待一樣，他們想要的是真實。

如果它只是另一種通用產品，消費者可能會、也可能不會大費周章地去買它，可能會、也可能不會為它掏更多錢。如果網路上買不到，消費者很可能就會放棄。但是，像哈雷這樣售價更高的產品或服務，會同時要求消費者努力去購買（沿著小巷排隊、長時間等候等等）。

幸運的是，品牌的真實其實已經存在。就像你享受的清晨陽光一樣，你的真實已經存在，只是隱藏在顯而易見的地方。你只需要想辦法發現它、發展它，其餘的就都很簡單了。

福斯汽車的真相是場災難還是能為它加分？

這個星球上的每個人都知道福斯的麻煩。很簡單，福斯汽車故意並惡意地在其「智慧柴油」汽車上安裝了軟體，向各國的政府部門提供了虛假的排放數據。據估計，福斯柴油引擎的汙染物排放量是美國政府規定允許值的四十倍——不是二倍，不是三倍，是四十倍！

如果你認為福斯汽車搞砸了，你是對的。在撰寫這本書時，該公司的損失已經超過一百八十億美元，而這只是冰山一角。但是不要認為這家世界上最大的汽車公司已經徹底完蛋。畢竟在黑暗中總會有一絲光明，福斯也可以把這次慘痛教訓轉換為巨大機會。

首先，讓我們來看看為什麼福斯汽車會遇到這樣的問題。畢竟，豐田、奧迪（Audi）、通用（GM）、本田和其他汽車公司，都遭遇過災難性的公共事件，但最後它們都強勢回歸。不過這次不同，其他公司的問題都是因為犯了愚蠢的錯誤，而福斯汽車的問題並不是由失誤引起，是它故意誤導監管機構。這不是偶然的失誤，而是蓄意犯下的罪行。

在一個完美的世界裡，福斯將是推動智慧柴油技術的完美公司。多年來快樂的小車輛，如金龜車（Beetle）、經典麵包車（Microbus）、兔子（Rabbit）、Golf和Eos，已經建立並證實該品牌的定位。福斯汽車是溫暖、友好、值得信賴的。顯然，福斯汽車的罪行背叛了這種信任。

更糟糕的是，被欺騙的福斯汽車擁有者感到特別委屈，因為他們認為自己在拯救世界。現在他們知道國王真的沒有穿衣服，他們知道自己一直在毒害大氣，他們向天空排放的汙染物比想像的要多四十倍。

這些怎麼可能對福斯有好處呢？

一旦煙霧清除，福斯公司做好清理，解決眼前的問題，它就有機會做一些大事。與其偷偷溜到角落，希望沒有人記得自己的罪行（順便說一句，消費者的記憶很短），還不如動用大量資金、工程師和跨國設施，在綠色革命中發揮引領之舉，致力於創造真正的環保汽車。除了拯救公司，這一策略還能幫助福斯——俗稱「德國公司」——挽回整個國家的面子。

當然，適當地、有策略地推廣新的品牌價值，是福斯公司復興的重要一步。但在此之前，福斯必須開創一條新道路，這條路不僅有助於消除已經受到的損害，而且還能為公司重新吸引顧客，為公司、國家和世界各地的粉絲樹立新的使命感和自豪感。

這一過程不會便宜、不會很迅速，也不會很容易。但是這種品牌急救可以為福斯提供機會，不僅贏得全世界的原諒，而且可以迅速復興騰飛。

福斯汽車的真相讓它的問題更加嚴重，但也可以成為它的救星。

找到真實的自己

為了與其他快餐店競爭，美國連鎖快餐店塔可鐘推出它的一美元菜單，包括十一種售價一美元的商品。為了擴大新定價的影響力，塔可鐘發起了「永恆一美元」活動，多達十一名獲獎者可以終身免費（至少價值一萬美元），條件是要找到有特殊序號的美元。

儘管此次促銷活動的獲勝機率約為二十四億分之一（與獲得塔可鐘終身免費相比，你被閃電擊中兩次的機率更大些），不過這個活動在社群媒體上獲得大力推廣，因此為公司帶來極佳效果，而且這個活動符合塔可鐘的價值。

雖然你可能認為塔可鐘賣的是墨西哥菜，或者至少是墨西哥快餐，但這已經不再是該品牌的價值。塔可鐘可能會用墨西哥快餐換錢，但它真正的品牌精髓是：用少量的錢填滿顧客的肚子——一次只需一美元。這是塔可鐘的價值。

達美樂做的不是披薩生意

我幾乎從未在飛機上安排過會面，我猜是耳機和打開的筆電阻礙了交談的可能。我的好朋友鮑伯．伯科威茨（Bob Berkowitz），他是多視點影片（Multivision Video）的CEO，他就經常在飛機上與重要人物會談。他相信美國航空公司（American Airlines）的艙等升級服務物超所值，所以在他商務艙鄰座的人總是會成為他的客戶。

幾年前，鮑伯坐在湯姆．莫納漢旁邊。鮑伯說，當他意識到自己的鄰座是創辦達美樂披薩（Domino's Pizza）的巨擘時，他主動搭話：「我喜歡你的披薩，它是我的最愛。」湯姆看了他一會兒，然後禮貌地表示不同意，指出達美樂肯定不是鮑伯的最愛。相反，他說在鮑伯的社區裡有一些小披薩店，那裡的食物更好。湯姆說：「或許你會喜歡它們新鮮的莫札瑞拉起司，或是它們的酥皮、肉丸，但是它們的披薩一定令你滿意。」

現在，鮑伯有很多身分，有創新精神的商人、聰明的網路工作者、見多識廣的技術達人、速度如閃電般的摩斯密碼操作員，很棒的父親和大哥，以及各種意義上的好人、能人，但他不是美食家。畢竟，達美樂很可能是鮑伯最喜歡的披薩。但是莫納漢不知道這些，接著解釋說：

你看，我們做的實際上不是披薩生意。我們做的是「下班下課後的晚上七點，我又不想做飯」的生意；我們做的是「哥們已經過來看比賽，但是冰箱裡沒有東西可以吃」的生意；我們做的是「明天是雙胞胎的生日派對，而我已經連續工作一星期，沒有任何時間去買東西」的生意。我們的披薩不一定是最好的；但它必須是你在三十分鐘或更短的時間內，就能得到的最好的熱食。

不然你認為我們提供「三十分鐘送達，否則免費」的促銷活動是為什麼？如果送達時間超過三十分鐘，你可以有很多其他選擇：用微波爐加熱冷凍披薩；打電話給更近的本地披薩店；或者開車去任何一家快餐店。但如果你要在三十分鐘或者更短時間內填飽一堆人的胃和嘴，我們是最佳選擇。

誰知道呢？

但是如果湯姆．莫納漢知道他做的不是披薩生意，難道你不想知道你在做什麼生意嗎？必勝客（Pizza Hut）就知道。

必勝客認為，大家都是賣披薩的，它也可以來做免費披薩送貨服務，就像達美樂一樣。但是，根據維基百科，到了一九九九年，在提供免費送貨服務一段時間後，必勝客發現它可以在所屬的達拉斯—福特沃斯餐廳（Dallas–Fort Worth Restaurants）加收五十美分的外送費。到了二〇〇一年，九五％的必勝客直營餐廳與一小部分的加盟餐廳都開始收取五十美分的外送費。為什麼會這樣？如果達美樂承諾「三十分鐘送達，否則免費」，那麼必勝客怎麼敢收取額外的外送費呢？原來，必勝客發現，它的服務與達美樂並不相同，它的顧客願意為額外的服務支付額外費用。

達美樂披薩也用食物換錢，但它的品牌價值是：承諾在三十分鐘內提供一個可接受的解決方案。它解決的是什麼問題？孩子們餓了；我的朋友們過來看比賽；已經很晚了，我不想做飯；我們需要更多的食物來舉辦生日聚會。這就是達美樂的生意。

你做的是什麼生意？什麼是真實的你，讓你能吸引你的顧客，並把你和你的競爭對手區分開來？

我們說過很多次，**人們不會選擇你做什麼，而是會選擇你是誰**。如果你做的是顧客可能會需要或他們在尋找的功能性解決方案，那麼這只是你用來換錢的東西，並不是人們和你、你的品牌做生意的原因。

當你身處抵押貸款市場時，你如何選擇你的生意對象？如果你提供了合適的抵押品，並且願意支付現行利率，你可以從許多銀行、信用合作社、金融公司等機構獲得資金。那麼，你為什麼決定與一個機構做生意，而不是其他機構呢？

假設你是一名演講家，你的工作就是站在一大群人面前，在娛樂他們的同時進行專業領域的教育。你的客戶是會議策劃人、活動協調人，以及為不同會議活動聘請演講者的經理人。為了完成你的工作任務，你寫了一篇很棒的演講稿，準備了引人注目的投影片，然後練習練習再練習，直到你確信自己表現完美。然後你建立網站，製作宣傳小冊子和其他行銷內容，告訴你的潛在客戶，如果他們的議程有五十五分鐘的空白，你就是最適合填補這塊空白的人選。

聽起來是個好策略，對吧？麻煩的是，還有成千上萬的其他演講者，他們提供的東西和你相同。有的比你貴，有的比你便宜，有些更好，有些更糟。客戶只有一小時的需求，卻擁有太多的服務提供者可以選擇雇用。可悲的是，不管你是多麼有趣、迷人和博學，他們挑選你的機率並不高。

但如果你的潛在客戶想要蓋伊・川崎（Guy Kawasaki）、比爾・柯林頓、在哈德遜河降落飛機的飛行員、或世界頂尖整形手術專家，那麼比你資歷老的演講者不行，你也一樣。

因此，真正的問題是，如何才能提高你的品牌資產，占據客戶的大腦？最重要的方法之一是，準確地了解客戶願意購買的內容，而不是你的功能。他們在尋找你的價值——你提供的真實、內在、不可複製、他們在其他地方找不到的價值與利益。

所以，你到底是誰？

我們討論了功能，討論了熱情，討論了技能、知識和天賦。我們甚至談到如何成為這個世界正在尋找、擁有超意識版本的自我。但除了這些，你到底是誰？

美國幽默作家馬克・吐溫說過：「你一生中最重要的兩天，是你出生的那天，和你找出原因的那天。」理解（和運用）你的真實就是來自這句話。了解你是誰（或者你的公司是什麼）是了解和提升你的價值的關鍵。

Volvo＝安全

比爾．柯林頓＝魅力

聯邦快遞＝氣定神閒

德蕾莎修女（Mother Teresa）＝惻隱之心

哈雷戴維森＝粗獷的個人主義

馬丁．路德．金恩（Martin Luther King）＝民權

奇異（General Electric）＝創新

甘地（Gandhi）＝堅守非暴力

Brunello Cucinelli＝優雅的手工技藝（Brunello Cucinelli是義大利的奢華時尚品牌）

阿爾伯特．愛因斯坦（Albert Einstein）＝天才

耐吉＝極限的運動表現

前美國總統隆納．雷根（Ronald Reagan）＝希望

如果要你用一兩個詞來描述自己或你的品牌，會是什麼？

大自然裡無真空

找出你自己的真實形象並將它應用於你的生活，這可能有些困難，但它是建立你的品牌價值的關鍵。此外，只有當你清楚地知道自己的品牌代表什麼，你才能將品牌定位從以公司為中心轉向以顧客為中心，並採用相應的行銷策略。

此外還有一個重要原因，這是個簡單的事實：不管你是否要為找到品牌價值承擔責任，你的品牌都會被建立。

從這個角度看，了解真實的你，創造你自己的「以顧客為中心」品牌，這並不僅僅是虛華行銷或者解決了第一世界問題。要想在當今這個高度互動的世界獲得成功，這是最基本、最關鍵的品牌行銷要求。

儘管政治行銷的主要理念之一是：候選人必須在競爭對手或媒體之前對自己進行定義。但在公眾眼中，並不是每個人都做好了準備。

你知道美國前副總統艾爾．高爾（Al Gore）從沒說過「我發明了網際網路」嗎？

高爾在CNN的《沃爾夫．布利澤的晚期版》（*Late Edition with Wolf Blitzer*）節目中接受沃爾夫．布利澤（**Wolf Blitzer**）採訪時說：「在我為美國國會服務期間，我倡導並開發網際網路。我積極推動的一連串措施，已證明對國家的經濟增長、環境保護和教育制度改善具有重要意義。」

你可以將此聲明解讀為他對自己責任的解釋，你也可以登錄謠言破解網站 **snopes.com**，該網站對這一事件的說明是：高爾「並沒有聲稱他在設計或實施的層面上『發明』了網際網路，他只是負責在經濟和立法上促進我們現在稱為網際網路技術的發展」。

不管高爾到底說了什麼（或意思是什麼），不管你怎麼看，傷害都已經發生：人們普遍認為高爾說過「我發明了網際網路」。為什麼？因為感知就是現實，而自然界裡沒有真空。如果你還沒有對自我進行定義，別人就會幫你定義你。

你知道前阿拉斯加州州長莎拉．裴琳（**Sarah Palin**）從沒說過「我能從我的房子看到俄羅斯」嗎？實際上是蒂娜．費（**Tina Fey**）在《週六夜現場》（*Saturday Night Live*）節目中對裴琳的拙劣模仿，才讓這句話家喻戶曉。裴琳的確說過可以從美國看到俄羅斯，這在技術上是正確的，因為白令海峽夠狹小，兩岸陸地距離並不遠。但不管事實如何，在裴琳短暫的政治生涯中，「我可以從我的房子看到俄羅斯」這愚蠢言論一直困擾著她。

傳奇美式足球主教練喬・帕特諾（Joe Paterno）從一九六六年到二〇一一年一直執教於賓州州立大學尼塔尼雄獅隊（Penn State Nittany Lions）[41]。二〇〇七年，他被選入大學足球名人堂；二〇一一年，他贏得了第四〇九場比賽，成為美式足球甲級（Division I）大學隊歷史上最成功的教練。對於住在大學公園（University Park）或賓州州立大學的人來說，他是一個幾乎具有宗教意義般的精神存在。

二〇一一年十一月四日，一份大陪審團報告指控，帕特諾的前防線教練傑瑞・桑達斯基（Jerry Sandusky）性侵了八個男孩。一個月後，受害者人數上升到十人，二〇一二年六月二十二日，桑杜斯基的四十八項罪名中有四十五項成立，二〇一二年十月九日，他被判處三十年到六十年的監禁。

在幾年後，調查公司威爾遜・帕金斯・艾倫觀點（Wilson Perkins Allen Opinion）對一千多名成年人進行一項調查[42]。令人驚訝的是，只有五五%的美國人知道賓州州立大學的主教練喬・帕特諾沒有被指控猥褻兒童，仍有四五%的人認為帕特諾就是性侵犯。

這時，帕特諾已經被免除主教練職務，並死於肺癌併發症。但真相在當事人死後根本不重要。感知是現實的，帕特諾的名聲永遠被玷汙。

在市場行銷的世界裡，「感知就是現實」是一種普遍現實。也就是說，人們的感知確立了他們的現實。例如，如果我們相信星巴克咖啡比其他沒名氣的咖啡要好，那麼它就會更好。我們會想方設法找到星巴克，並為此付出更多的錢，儘管我們真的很難知道星巴克的咖啡是否真的更好。

如果我們相信VOLVO汽車比我們負擔得起的其他汽車更安全，那麼它就是！至少在汽車展示中心是如此。我們會為了它所提供的感知價值——更好的保護——支付更多的錢。當然，調查人員會在事故發生後判斷汽車是否真的安全，但那也是在產品被購買很久後的事情了。

一八九七年，馬克．吐溫出版了《跟隨赤道》（*Following the Equator: A Journey Around the World*，書名暫譯），這是我最喜歡的書。他在書中寫道，「現實比小說更離奇，這是因為小說必須要有合理性；現實卻不必。」或者，如拜倫勛爵（**Lord Byron**）在《唐璜》（*Don Juan*）中所寫：「這雖然奇怪，卻是事實；現實總是很離奇，比小說還離奇。」[43]

現實可能比小說更離奇，但通常情況下，小說比事實更有趣、更刺激、更可複製，而且更有說服力。那些不接受「品牌與感知」現實的人，自己就會承擔風險，因為感知就是現實。

不信的話，問問艾爾・高爾、莎拉・裴琳或喬・帕特諾。

一旦你弄清楚了你是誰、你代表了什麼，下一個步驟就是傳達你的身分訊息。但是，僅僅傳播你的訊息無法有效與客戶建立連結。因此，我們需要將你的訊息轉化為「以顧客為中心」的訊息，讓你的潛在顧客與你產生共鳴。

此外，同樣重要的是，你要以一種激勵顧客行動的方式來傳達你的訊息，而不是浪費時間告訴他們已經知道或者毫不關心的事情。要做到這一點，你就要讓他們從「需要」轉換為「想要」，從「為什麼」轉換為「如何做」。

把需求變慾望，把為何變如何

幾年前，我試圖弄清楚為什麼我們的廣告公司不是那麼成功。經過一番反省之後，我終於意識到，我們一直在試圖出售客戶並不感興趣的東西。

我們試圖設計更好的東西來銷售，但找我們合作的客戶們想買的是更好的銷售業績。當然，具體情況要比這複雜一些，但整體而言，這就是買賣雙方的斷點。

現在我明白了，我們的客戶不是雇用米開朗基羅粉刷西斯汀教堂天花板的梅迪奇家族，他們不是藝術的贊助者。相反，他們希望我們做的結果很明確：增加銷售收入。當然，他們歡迎我們透過精心製造的品牌創意娛樂大眾，但最終我們需要解決的是他們面臨的現實問題，並幫助他們銷售產品。

有趣的是，隨著業務的發展，我們不斷改進工作方法——使用更先進的技術、更有才華的從業人員、更複雜的電腦程式——但我們提供的核心服務卻變得越來越簡單。

換句話說，我們的工作就是將需要轉化為想要，將為什麼轉化為如何做。

從「需要」到「想要」

你需要一台筆電來寫作業；你想要一台蘋果的MacBook。

你早上上班需要一輛車；你想要ＢＭＷ。

你需要一件毛衣來保暖；你想要一件香奈兒的毛衣。

你需要一台冰箱來保持食物新鮮；你想要一台Sub-Zero（美國頂級品牌）冰箱。

你需要一支手錶來看時間；你想要百達翡麗（Patek Philippe）。

不斷發展的技術為人類帶來的最大挑戰之一，就是它提供的豐富產品和服務，以及它所創造的商品化。過去完全由已開發國家的先進公司和專業人員生產的產品和服務，現在已經供過於求，因為電腦讓全世界任何地區的公司都可以很容易地生產和銷售。雖然不同國家和公司的產品在品質上曾經有很大的差異，但電腦再次彌補了這些差距。

過去，以消費者需求為基礎的產業風光一時，但現在已不是如此。如果我住在北方寒冷的地方，我需要溫暖，那麼許多熱帶海灘都可以讓我擺脫這個困境。但是，各種熱帶旅遊的競爭局面，使得度假成本穩定下降。對旅行者來說也許是好事，但對為他們服務的飯店和娛樂場所來說，就不是那麼好了。在以前，提供簡單的熱帶海灘假期行程，就足以吸引冬季寒冷的北半球觀光客。現在這只是提供觀光假期的最低條件。

如果你要去參加宴會活動，需要一雙新的銀色高跟鞋來搭配你的禮服，那麼大多數賣正裝鞋的品牌都能解決你的問題。如果你對一雙鞋的外表、合腳度和價格都滿意，你就不會太在意你買的是什麼牌子。當然，我們已經知道，功能只是產品的入門成本，並不能創造品牌忠誠度、專業差異或建立品牌價值，精明的讀者會發現，這三個屬性都屬於品牌的功能。對「需求」的依賴會引發競爭，進而壓低售價。

但如果你是走在時尚潮流尖端的人，想要一雙 Jimmy Choo 或魯布托（Louboutin）的高跟鞋，那麼它們高得離譜的價格似乎是完全可以理解和接受的。畢竟，你想要的只有這個品牌的鞋，其他任何東西都無法滿足你。高昂的價格甚至會增加你的慾望，因為它們暗示著高品質、排他性和獨特性，就像顧客要在「喬的石蟹餐廳」門口經歷漫長等待，這種情況反而增加了餐廳的感知價值。與美國棒球名人尤吉・貝拉（Yogi Berra）那句歷史悠久的話相反：「再也沒有人要去那個地方（一家餐廳），太擁擠了。」（Nobody goes there anymore, it's too crowded）

這是什麼原因呢？消費者感知，又稱品牌價值。正是對品牌價值的感知，讓蘋果 iPad 的價值超過了韓國生產的無名平板電腦，讓星巴克咖啡的價值超過旁邊店鋪賣的飲料。蘋果的 iPad 和星巴克的卡布奇諾真的會更好嗎？這取決於你需要什麼。**產品的區別無關緊要，對品牌的渴望（想要）能使產品更有價值**。

當然，製造業翻天覆地的變化以及由此導致的商品過剩，還是相對較新的現象。

過去，以需求為主導的產業占據了市場主導地位，很多公司僅僅依靠生產品質良好、可靠的產品，就建立了自己的品牌和聲望。

一九八〇年，西爾斯百貨（Sears）告訴世界，它是「銷售『價值』的美國商店」（America shops for value），它賣給工匠的工具承諾終身使用，它賣的Toughskin牛仔褲承諾可以承受你孩子扔出的所有食物。但隨著銷量不斷下降，西爾斯意識到，銷售產品不能僅僅吹噓它們的耐用度。為了與衰退作戰，它在二十世紀九〇年代推出了「西爾斯柔軟的一面」廣告活動，展現西爾斯不僅有男女通用的產品，還有一整套以時尚為導向的產品，例如內衣——擁有超越之前宣傳的韌性與耐久度。它的競爭對手凱馬特（Kmart）也跳上了時代的馬車，透過「聰明人去凱馬特」（There's smart, and there's Kmart smart）的廣告標語，來表示選擇前往他們家商店的顧客是更精明的。

不幸的是，這兩項廣告活動都沒有引起消費者對兩家公司真實的共鳴，也沒有讓兩家公司明顯改善其提供的購物體驗。雖然雙方都在談論如何與消費者建立牢固的情感連結，但它們的消費者都沒能從產品和服務中找到支撐這些承諾的東西。這兩家公司都沒有將它們的訊息與品牌價值保持一致，這嚴重損害了它們的品牌價值。西爾斯失去了堅韌耐久的品牌，凱馬特失去了低價的聲譽，它們都沒採用更具吸引力的屬性填補上。引用廣告界教父大衛．奧格威（David Ogilvy）的話來說：「沒有什麼比好廣告扼殺壞產品的速度更快。」

然而，公司可以藉由理解「需要」和「想要」之間的差異而受益。製藥公司就是一個很好的例子，它們透過操縱這種區別來獲得市場優勢。在大型製藥公司中，具有相同化學成分的藥物產品就比其他公司多出許多。通常，昂貴的品牌產品和仿製便宜貨在藥房貨架上緊挨著擺放。有些購物者明白，這些產品在化學成分上是相同的，這表示它們的功能也完全一樣，所以他們選擇價格較低的產品。但是，出售的藥品中有八〇％以上都是知名品牌，這意味著超過四分之三的消費者願意為藥瓶上附加的品牌支付額外費用。儘管有充足證據顯示，這些產品的功效沒有差別。換句話說，消費者已經從「需要」（對藥物的治療效果）轉移到「想要」（對品牌的情感反應）。更重要的是，這說明與省錢相比，消費者更看重「想要」。

從「為何」到「如何」

如果你想建立一個成功的品牌，觸動顧客的不只是從「需要」到「想要」，更要從「為何」到「如何」。你不再需要花時間、拚盡全力和使用得來不易的行銷費用去說服潛在顧客：為何他們應該要選擇你的品牌。你要集中精力去引導他們該如何使用你。只要你正確地做這件事，將能減少對價格競爭的需求、填寫令人傷透腦筋的企畫邀約書、以及為了宣傳願景而進行昂貴的過度宣傳。當客戶決定和你的品牌合作時，不僅僅是你做了該做的，你會發現整體的銷售週期改變了，而這個「如何」成為有意義的說明——為何客戶選擇你。

從「需要」到「想要」、從「為何」到「如何」。在我年復一年努力工作、以及失去許多機會後，我才理解到，沒有比這點更簡單易懂了。所以讓我們一同探索，如何把這兩點和感知以及現實連結起來，並創造能與顧客建立穩固品牌關係的情感交流。

PR擦鞋

每次我去聖胡安國際機場搭飛機時，我最喜歡的「PR擦鞋」都會在那裡揮手招呼匆忙的旅人。

我非常喜歡在他椅子上度過的那五分鐘，以至於我去波多黎各拜訪客戶時，都會特意穿一雙需要打理的鞋。這樣我就可以鼓舞一下他的創業精神，在客戶面前也能顯得更加精神帥氣。但在上次的旅行中，我的PR擦鞋匠為我上了寶貴的一堂課，讓我知道如何使用很少的額外精力，卻可顯著擴展服務與收入。

當我正享受擦鞋時，擦鞋匠伸出手來看著我問：「¿Y su cinta」（「你的腰帶？」）我不假思索解下腰帶遞給他。他拿著我的腰帶擦了又擦，效果很好，然後又用一個噪音很大的吹風機吹乾，最後還給我。這讓我比平時多花七美元。

我的重點是什麼？他不僅在我身上賺了多一倍的錢，我還會感謝他的體貼服務。直到我寫到本章，我才意識到他讓我從「為什麼」轉變成「如何做」。他沒必要解釋我為什麼要擦亮腰帶。他的問題「¿Y su cinta」簡單地告訴我如何更好地享受這五分鐘，以及如何看起來更得體。

聰明的餐廳經營者就精通這一理念，他們會在不增加庫存和成本的情況下，添加新菜色，例如，中國和墨西哥餐館精通如何用相同的食材製作新菜色，提供給顧客更多回頭光顧的理由。

資訊分享創業家們也在忙著透過重新調整部落格、書籍、網站、影片部落格、有聲訪談等數位內容來增加他們的產品。為了滿足這一需求，軟體開發人員不斷地開發新的應用軟體，如Snapchat、Vine和Periscope。

你的企業能夠透過哪些方式，在不需要額外庫存和技能的情況下，增加顧客滿意度和公司收入呢？仔細想想——你已經做了什麼，你要怎麼做才能讓顧客從「為什麼」轉移到「如何做」。這應該可以幫助你尋找到發展業務的機會。諷刺的是，你會發現這些機會大多已經存在；你只是沒有意識到它們。換句話說，它們就隱藏在顯而易見的地方。

隱藏在顯而易見之處

向你的客戶詢問他們想要什麼，通常來說並不是一個發現機會隱藏之處的好方法。當被問到在iPad推出前做了多少市場調查時，史蒂夫·賈伯斯回答：「沒有。『知道自己想要什麼』並不是消費者的工作。」

相反的，**你要尋找那些沒有解決的問題，沒有被抓到的癢處，沒有被提出的解決方案**。這與普遍流行的答案相反，你要試著回答一個沒有被問到的問題，因為這往往才是寶藏的藏身之處。

證據你已經看過了：雖然我經常去擦鞋，而且幾乎總是繫著腰帶，但我從來沒意識到腰帶也需要拋光。直到我最喜歡的ＰＲ擦鞋匠向我推薦這個服務。實際上，我從沒見過另外的擦鞋匠建議我拋光腰帶或者公事包。

說到「隱藏在顯而易見的地方」，當我開始寫這一章時，我認為ＰＲ擦鞋匠中的「ＰＲ」代表波多黎各（Puerto Rico），但現在我意識到它也可以代表公共關係（public relations）。藉由「公眾不知道卻又想要的東西」來取悅他們，你可以建立更好的客戶關係。如果它只使用很少的資源就能幫助你賺很多錢，那麼ＰＲ還可以代表獲利收入（profitable revenue）。無論ＰＲ是什麼，這一切都來自於從「需要」到「想要」的簡單轉變。

你看到了嗎？

我想讓你觀看一段YouTube影片[44]。影片裡你會看到兩組孩子玩籃球，一組穿白色球衣，一組穿黑色球衣。當你看影片的時候，要非常小心地計算白隊傳球次數。

我知道，即使我提供了影片連結，你也不會去看。如果你對我說的內容還感興趣，多半會先看看後面我對影片的解釋描述，然後再回來觀看影片。不管怎麼說，你很可能並不想從溫暖舒適的椅子上站起來，去打開電腦。但是請不要錯過這次機會。想要真正理解我的觀點，請先看完這九十秒的影片。記住，你的任務是數清楚白隊的傳球次數。

準備好了嗎？只需將此連結複製或鍵入到你的瀏覽器地址欄中，就可以查看影片：https://www.youtube.com/watch?v=vJG698U2Mvo/

我的好朋友——已故的喬辛・迪・波沙達（Joachim de Posada），是暢銷書《先別急著吃棉花糖》（*Don't Eat the Marshmallow...Yet!*）作者[45]，他是第一個要我看這個影片的人。我被內容驚呆了。當喬辛的演講結束後，我又請他放一遍影片，因為我無法相信自己剛剛看到的內容（更準確地說，是看不到！劇透警告：如果你還沒看過影片，現在就去看，然後再讀下去。）。

你有算上失誤嗎？你知道白隊一共傳了多少次球嗎？你真的確定嗎？好吧，現在請回答我：你看到穿著大猩猩服裝的人走過現場嗎？很難相信你會錯過一個穿著毛茸茸的大猩猩服裝的傢伙，不是嗎？你能相信嗎？你忙著數數，連大猩猩都沒看見。但大猩猩走得並不快，它甚至在房間中央停下來猛搥胸部。再次觀看這個影片，你會感到驚訝的。

電影製片人稱這種現象為「看不見的大猩猩」。魔術師稱之為誤導。而最好的幻術師會讓你的目光一直跟隨他的手指或圍巾，同時在你看不見的地方搞小動作。但在日常生活中，這種情況也會發生嗎？想像一下，我們每天會錯過多少東西，只因為我們正忙著盯住一兩件東西不眨眼。

也許我們因為忙著看比賽而沒看到孩子們的微笑；也許我們因為忙著傳簡訊而沒看到美麗的日落；也許我們並沒有享受自己已經擁有的，因為我們在忙著追逐我們沒有的。

就像聯邦快遞（FedEx）標誌中間的白色箭頭一樣，每天都有大量、有意義的東西隱藏在顯而易見的地方。等等，你從沒見過那個箭頭？怎麼可能？你至少見過聯邦快遞的標誌一百萬次了。你今天至少看見過一次，就在你辦公室附近的卡車上，或者手邊的信封上。箭頭就在那裡，E和X之間的空白。現在看到了嗎？

從理智到情感的巨變

就像關上車門或踢踢輪胎可以讓消費者對汽車品質放心一樣，**一個強大的品牌會提供一種情感上的滿足，幫助公司和消費者之間建立關係。品牌的力量在於預先影響及強化消費者的決定，圍繞購買體驗創造情感圍欄。**

你會注意到，從需要到想要，從為什麼到如何做，就是從現實轉為情感的軸心。當一個品牌、一個公司、一個人或一場爭論進行這樣的轉變，意味著他已經藉由改變消費者對他的感知和連結方式，獲得顯著的品牌價值優勢。

回想一下第五章關於歐巴馬二〇〇八年競選結果的內容。也許你還記得那個令人震驚的統計數字：超過三分之二的首投選民投票給歐巴馬。如果你理智地思考一下，我們完全沒有理由相信，這些首投選民已經完全了解競選內容，並且針對兩位候選人的競選綱領及投票記錄進行過研究、比對，最終在經驗的基礎上理智地選出自己心目中的總統。不，肯定還有其他因素。

正如我們所看到的，歐巴馬的競選口號「是的，我們能！」是一顆強大的情感炸彈：它是積極的（是的）、包容的（我們）和鼓舞人心的（能）。它強烈地吸引了選民們的情緒——他們已經厭倦舊有的陰鬱氣氛，想要一些新的、令人信服的東西。諷刺的是，前美國總統隆納．雷根在一九八〇年使用同樣的策略刺激共和黨選民：

在我的政治生涯中，我一直在談論光輝城市，但我不知道我是否能完全表達我所看到的一切。但在我看來，這是一座高大、令人自豪的城市，建在比海洋更強大的岩石上，輕風吹過，上帝保佑，到處都是生活在和諧與和平中的人們。這座城市擁有自由的港口，充滿了商業和創造力。如果必須有城牆，牆就有無數的門，對任何想要來到這裡的人敞開。

如果這還不夠的話，《聖經．馬太福音》5：14中，耶穌基督在山上布道時也使用同樣積極、包容、鼓舞人心的話語：「你是世界之光。建在山上的城市是藏不住的。」

顯然，建立牢固關係、激勵積極行動的策略至少經得起兩千年的考驗。如果執行得當，從理智轉向情感的這一變化會帶來神奇的結果。這就是「以顧客為中心」的祕密。

Chapter 8

「聚焦他人」的核心：認識CC 2 CC

淘氣阿丹

你能做得最好的事情就是做好自己

——《淘氣阿丹》（*Dennis the Menace*）

銷售領帶的藝術

我的客戶法蘭克是我見過最帥的男人之一。他的襯衫和西服總是一塵不染，並精確地貼合他瘦長的身形。他的鬍子修剪得很好，而且身上總是配飾齊全：領帶、袖扣、手錶、鞋子，全部都非常適合他。

所以，想像一下，當我走進他公司的總部，發現這位首席時尚買家坐在三堆我見過最難看的領帶後面時，我有多麼驚訝。他點了點頭招呼我，但他的手從未在領帶間停止移動。

法蘭克把放有領帶的長瓦楞紙箱擺在面前的工作台上，然後拉出一條領帶，把它舉到燈光下仔細檢查，然後扔到右邊堆得較多的領帶堆上，或左邊較小堆的領帶上。

接著再拉出一條領帶，重複這個過程。他在領帶堆裡拚命工作，我則很想弄清楚他在做什麼。最後，我再也忍不住。「怎麼了，法蘭克？」我問他，「我不明白你在做什麼。」

「我在為商店挑選領帶。」他不假思索地回答，並用眼睛示意，「這盒子裡的領帶，是工廠送給我們挑選的。這些領帶。」他指了指左邊，「是我們保留下來要出售的。右邊這些是要退回到工廠去的。」

我看了看這三堆領帶，但還是看不出區別。

「但是法蘭克……」我絕望地問，「這些領帶都太醜了。任何一條你都不會佩戴，所以你是怎麼挑出來的？」

接下來法蘭克說的話，改變了我的人生。

「我不是顧客，布魯斯。如果我只訂我喜歡的領帶，我就會破產。」他停下來，將手裡的領帶扔到右邊，「這些領帶不是我要戴的，而是我要賣的。重要的是要知道這兩者的區別。」

打領帶和賣領帶有區別嗎?誰知道呢?

我叔叔曼尼有一次把錢投資到洋蔥期貨上。我母親和我解釋這種投資方式：曼尼買了一車尚未收割的洋蔥的未來收益。到了賣洋蔥的時候，如果蔬菜上市時的價格比他買的時候高，他就會賺錢。不幸的是，曼尼並不是老練的投資者，他將期貨拿在手裡太久，一直沒賣出去。直到有一天，他接到火車站的電話，問他要把洋蔥送到哪裡。顯然，曼尼叔叔要賣的洋蔥變成了吃的洋蔥（接著是腐爛的洋蔥）。曼尼的投資被吞噬一空。

幾年前，我家鄉的建設工程數不勝數，人們都說我們的「市鳥」是起重機。城裡所有的報紙和雜誌都對邁阿密公寓的增多表示擔憂，警告說會出現泡沫。隨後，公寓銷售出了麻煩，房地產生意一落千丈。當時估計，邁阿密的空置公寓在未來七到十年內都會處於供過於求的狀態。但是在過去的兩年裡，剩餘公寓已經全部售出，天空又布滿起重機。

儘管這些公寓都已售出，但它們在夜間漆黑一片，因為大多數房產都是海外投資客買來當成存放資金的安全場所，而不是為了生活居住。我這才明白，原來公寓也分出售的和生活用的。

這一課很簡單：**如果你只是為自己而不是你的顧客創造產品或服務，那麼你的產品會無人購買，不管它有多好的創意和卓越的性能。**不管你產品的構造有多好、價錢有多低，如果它是為了一個人（一家公司）的創造，那麼它就不是為了市場創造的。

如果你的工作是為自己創造精美的產品，你就不是商人，而是藝術家。他們把電影市場稱作「電影市場」而不叫「電影藝術」，這是有原因的。就像打領帶和賣領帶一樣，也有看電影和賣電影的。

理解這種差異以及如何運用它，都是為了理解「從以公司為中心向以顧客為中心的轉變」。

其實所有的東西都相同

在拉斯維加斯電子消費展上走一走，你會發現電子產品製造商和經銷商已經完全接受了平板電腦。

就在蘋果推出第一台iPad的幾年後，幾乎每一家公司都推出平板電腦。你可以按你想要的大小來訂購，它們有不同的處理器、存儲空間、顏色和圖案。如果仔細聆聽，你能聽到價格下跌的聲音，然後深切地感覺到經濟學之父亞當・史密斯（Adam Smith）的供需理念。

那麼，為什麼蘋果的iPad仍然是這類產品中的佼佼者，價格要比競爭對手高得多呢？當然不是因為它是第一台平板電腦。微軟曾經在世紀之交發表第一台平板電腦，至少比蘋果iPad早了十年。

我的生意夥伴羅伯托·沙普斯（Roberto Schaps）參加了芝加哥的一場餐廳用品展。他告訴我，所有製造商都在銷售相同的東西：一排排賣刀的供應商；一排排賣炊具的供應商；還有一家接著一家的公司——從Keurig到Kitchenaid、Nespresso、漢美馳（Hamilton Beach）、咖啡先生（Mr.Coffee）、美膳雅（Cuisinart），還有很多其他公司，都在銷售咖啡膠囊與膠囊咖啡機。

正如我們所看到的，當今全球化、電腦化、全天候的製造業經濟，可以生產出消費者想要的任何東西，從咖啡機到平板電腦，在任何風格、數量以及幾乎任何品質、價格。這些都是由《紐約時報》專欄作家湯馬斯·佛里曼（Thomas L. Friedman）所稱的「全球三大力量——全球化、摩爾定律和大自然」所推動[46]。

前美國總統巴拉克·歐巴馬在二〇一六年的最後一次國情咨文中證實了這一點：「經濟一直在以深遠的方式發生變化[47]，這些變化早在大衰退爆發之前就開始，而且從未停歇過。今天，技術不僅取代了裝配線上的工作，還取代了任何可以自動化的工作。全球經濟體下的公司可以設立在任何地點，它們面臨著更激烈的競爭。」

那麼，為什麼有人會買某個產品而不是另一個呢？

請不要固執己見地堅持「最好的產品終將得到市場認可」。如果真是如此，我們都會使用Betamax錄影帶，而不是VHS；我們都會使用蘋果最初的個人電腦，而不是PC；在「傑克森兄弟合唱團」（The Jackson 5）出道之後，任何一個男孩樂團連一首歌都賣不出去。

實際上，消費者比這複雜得多，差別也大得多。正如戴爾・卡內基（Dale Carnegie）所說：「當我們與人打交道時，請記住，我們不是在與邏輯生物打交道。我們要對付的是感情上的生物。」情感生物根據他們溫暖又模糊的事物感受方式做出決定，然後用冷酷的事實來證明這些決定是正確的。

即使是那些冷血、總是以最低價格進行購買的消費者，也常常會做出情感上的決定。雖然他們的預算要求購買低價品，但他們仍會運用自己的購買習慣來告訴世界「自己是誰」，並為自己擁有找到最好價格、獲得最好交易的智慧而感到自豪。試想一下，你有多常在稱讚朋友的服裝或配件時，只會告訴他這些在大賣場買有多便宜。

越來越多的情況是，**企業不能再依靠創新和市場速度來實現銷售目標**。相反，他們必須發展並打造出一個強大的品牌，用來吸引和培養忠誠的消費者，這些消費者會一次又一次地回來購買他們的產品。儘管一家又一家的公司推出了各式各樣的平板電腦，但蘋果狂熱的粉絲們仍然會排隊等待每一款新iPad，因為他們不僅要擁有更好的功能，還必須擁有「**品牌的光環**」。

當然，功能至關重要。畢竟，人們排隊購買漂亮但脆弱的法拉利（Ferraris）和瑪莎拉蒂（Maseratis）的日子早已逝去，如今的汽車既漂亮又結實。但是，在一個交通擁堵、滿是限速和監控的世界裡，這些汽車的銷售和它們讓富裕車主從A點到B點的移動能力沒有什麼關係。是汽車的品牌以及它給消費者的感受（而不是它的功能），推動了銷量的持續增長。儘管製造商必須不斷創新才能保持競爭優勢，但絕對不能停止發展自己的品牌，否則他們的顧客就會跑去別家買。

那麼，我們在哪裡能找到解決辦法呢？

爬得越高，摔得越重

眾所周知，當生產和利潤都建立在有形資產基礎上時，是大企業在驅動產業發展。畢竟，如果你擁有鐵路——就像十九世紀和二十世紀的強盜貴族那樣——你就控制了原材料和貨物的流動。如果你擁有電報和電話電纜，或者無線電和電視傳輸技術——就像最大型的電信公司和媒體集團一樣——你就掌控了傳播管道。但在今天，科技的民主化和全球化改變了這種模式，並將發展的中心從所有權轉移到創新。

如今，公司規模越大，就越不可能產生一個全面、有說服力、最終的價值品牌。今天，公司內的所有人都必須了解他們的品牌是什麼，以及應該如何向公司的不同客群傳達。

實現這個目標的舊方法是製作一本品牌標準手冊，向市場行銷人員和設計師說明該如何複製公司形象（例如，標誌、字體、顏色），以呆板的方式維護一個全面的形象。

但在現今日益透明的世界裡，企業必須確保它們的訊息不僅在美觀上準確，而且還要藉由所有管道進行溝通，包括流行的社群媒體網站。一個清晰的、「以顧客為中心」的、「以公司為中心轉向為以顧客為中心」的策略，才是直接與消費者心靈進行對話的正確方法。

找到消費者的熱情所在

二〇一五年五月，我被邀請到阿米莉亞島，一個位於佛羅里達州傑克遜維爾東北部的美麗度假勝地。沃克＆鄧洛普（Walker & Dunlop）公司邀請我在年度聚會上發言，那裡聚集了他們最成功的供應商及最重要的客戶。

成立於一九三七年的沃克＆鄧洛普公司表示，它是「房地產融資解決方案的最大供應商之一」。該公司向房利美（Fannie Mae）、房地美（Freddie Mac）、美國住宅暨都市發展部（US Department of Housing and Urban Development）提供貸款。它還為人壽保險公司、銀行和其他證券公司提供貸款。我的演講旨在向與會者示範如何從「以公司為中心轉向到以顧客為中心」，幫助他們在網路時代進行「以顧客為中心」的自身定位。

首先，我帶領聽眾們回顧我上一本書的主題，《打造品牌價值：可複製傳播的七個簡單步驟》。然後，我解釋了從「以公司為中心到以顧客為中心」的轉變概念，以及如何在公司與消費者之間建立情感連結，並從中受益。最後，我談到了不同的人和公司如何將這些理論付諸實踐。

觀眾中有人舉起手。「如果我們都聽從你的建議呢？」他問道，「然後我們都會做相同的事，我們的行銷訊息也會看起來十分相似。這對我們到底有什麼幫助呢？」

「讓我們實話實說。」我反駁道，「如果我和在座各位一年後都回到這裡，有多少人會真的聽從我的建議，去創造一個新的、立足情感的、以顧客為中心的品牌？你認為有多少人會舉手說我做到了？」

「事實是，你們當中很少有人會真正實現這個想法。不是因為你認為它起不了作用，也不是因為你不想這樣做，而是因為其他事情會妨礙你。你回到辦公室，客戶的需求會重新接管你的工作。然後你就要和團隊努力工作，接著你會很忙，沒有時間去做我們講的這些事。意第緒語說得好，『人類一計畫，上帝就發笑』（Men plan, God laughs）。約翰・藍儂也說過：『生活就是你忙於訂定計畫時發生的事情。』」

「但讓我們假設，你們真的都做到了，你們創造了『以顧客為中心』的品牌。但你不必擔心你與他人的工作是相似的，因為你們的過程是不同的。你們每個人都會圍繞各自公司的價值建立自己的品牌，並運用各自的熱情力量，所以最後的結果會是多種多樣的。」

重複的技術與主題會產生截然不同的結果，這可不是什麼新理念。例如，亨特學院教授、史丹佛大學莎士比亞學者格里·施密格爾（Gary Schmidgall），他曾就威廉·莎士比亞和奧斯卡·王爾德進行過大量研究與文章撰寫。他指出，王爾德的《格雷的畫像》（*The Picture Of Dorian Gray*）中使用的主要文學道具——超自然畫像，並不是作者的原創；這在「果戈里（Gogol）的《畫像》（*The Portrait*）、霍桑（Hawthorne）的《會預言的畫像》（*Prophetic Picture*）、愛德華·蘭道夫（Edward Randolph）的《肖像》（*Portrait*）、迪斯雷利（Disraeli）的《微薇安·格雷》（*Vivian Grey*）、亨利·詹姆斯（Henry James）的《傑作的故事》（*Story of a Masterpiece*）和馬圖林（Maturin）的《流浪者梅莫思》（*Melmoth the Wanderer*）中都大量出現」。此外，「鬧鬼圖片也大量出現在許多被遺忘的小說中」，而這些小說都出現在王爾德著作面世前多年。

王爾德和其他作家的作品說明了，雖然我們都使用相同的眼睛看待這個世界，但即使是相同的東西，我們也可以生產出截然不同的產品。這不是抄襲或剽竊，這是以一種與讀者相關的方式對世界進行解讀。

演講結束後，我和沃克&鄧洛普公司的總裁威利·沃克（Willy Walker）一起度過了一段時間。我們討論到沃克公司的服務，以及要在客戶面前將他們與競爭對手區分開來有多麼困難；還討論到他們的品牌在建立「以顧客為中心」時的不同方法。威利希望把這些想法融入公司，當然我也提供了一些幫助。

幾週後，我收到威利寄來的信，說他已經指示行銷團隊開始進行公司品牌重新定位的工作，並和我說了幾個例子，告訴我他們一直在做什麼。我們討論了這些工作的影響和優點。最後，我們達成共識，威利會隨時向我知會他們的最新進展。又過了幾週，威利再次聯絡我，並傳來他們最新的廣告計畫。我們再度討論，如何才能最好地實現他的目標。隨後，威利和他的團隊進一步完善這些內容。

下一次聯絡時，威利沒有提出新的想法，而是用這封簡單的郵件告訴我廣告計畫的實施效果：

> 布魯斯：新年快樂！希望你一切順利。
>
> 我想給你看看我們公司關於「以顧客為中心」定位工作的成果。
>
> 正如你所見，我們改變了一些想法，但我認為整體的廣告和訊息傳遞效果是非常棒的。

我們的客戶很喜歡，每隔一個月就會有一名新客戶。你的近況如何，請告訴我。

最真摯的祝福，

威利

隨信附件是一個PDF檔案，裡面有七個沃克&鄧洛普公司的廣告。每張廣告都展示了一位客戶在進行自己熱愛的活動。這些廣告還包括客戶姓名、愛好與熱情、他們與沃克&鄧洛普公司開始生意往來的時間戳，以及「為你的繁榮昌盛提供動力」（Powering Your Prosperity）的標語。

廣告上，不動產公司甘迺迪．威爾遜（Kennedy Wilson）的庫爾特．澤克正在衝浪，投資公司TruAmerica Multifamily的鮑伯．哈特正在駕駛帆船，資產管理公司Mandel Group的巴里．曼德爾正在游泳，沃特頓住宅公司（Waterton Residential）的大衛．施瓦茨正在登山，不動產公司Favrot and Shane Companies的詹姆斯．法夫羅正在展示他的古董汽車收藏，房地產公司Cortland Partners的史蒂夫．德法蘭西斯與他的兩個孩子手拉手入鏡，消費電子產品公司Capstone Companies的邁克爾．莫隆與一名身穿制服的輪椅籃球運動員坐在一起。

每一位沃克&鄧洛普公司的客戶都被描述為狂熱愛好者。廣告表達出的明確訊息是：由於沃克&鄧洛普公司幫助他們成功，這些人才有資源（時間和金錢）來追求他們的愛好與熱情。或者就像威利在隨後一封電子郵件中所說，「他們展現出『繁榮昌盛』的不同表現，而且這些並不是工作，它們都是你喜歡做的事情。」

請注意，這些參與者們的愛好熱情各不相同。但沃克&鄧洛普公司並沒有對客戶的熱情進行價值評判。相反，他們表達了公司的承諾：幫助客戶完成任何對他們來說重要的事情。透過這種方式，沃克&鄧洛普公司加強了與每個客戶的關係。有趣的是，這些廣告除了為沃克&鄧洛普公司實現品牌定位，它還成為他們客戶吹噓的本錢以及吸引自身顧客的工具。

當馬歇爾．麥克魯漢（Marshall McLuhan）在一九六七年寫下「媒體即訊息」（medium is the message）時，他的意思是，訊息的發送和呈現方式與訊息本身一樣重要。當他收到初版圖書時，發現封面上有錯誤，把「媒體即訊息」打成了「媒體即按摩」（the medium is the massage）。據說當他發現這個錯誤時，說道：「別改它！太棒了，一語中的！」[48]

如果麥克魯漢還在的話，我相信他會同意沃克＆鄧洛普公司的新廣告就是訊息與按摩的完美呈現。

你代表什麼？

沃克＆鄧洛普公司從事房地產產業已有近八十年歷史。從亞利桑那州到華盛頓特區，至少有二十座城市都有它的辦公室。它出現在房地產的各個領域，代表著促進客戶的繁榮昌盛。

VOLVO表面上屬於汽車業，但它實際上包含了許多不同的產業：運輸、製造、研究開發、冶金、工程、裝潢、設計、進出口、物流等等。此外，它還經營零售商店（包括新產品和舊產品），提供銷售、服務和配件。VOLVO在數百個國家、州和市政府的法規下進行營運。它要以多種語言工作，與多種消費人群打交道，使用多種貨幣。別忘了VOLVO還生產公共汽車、卡車和船用引擎，並為許多公司提供工程服務。然而，儘管如此複雜，VOLVO仍可以用一個詞來描述自己：安全。

你代表什麼？你能用幾個詞來描述自己嗎？如果你做不到，怎麼能指望客戶能理解你是誰，為什麼你對他們很重要？在選擇傳達行銷訊息的方式時，如果你打算採取像散彈槍的隨機方式來取代如雷射般的精準聚焦，這和你在推特的標題上點擊「愛心」、到處發臉書貼文有何區別？

信不信由你，我已經知道你在想什麼：「你說得對，自身定位和品牌價值很有意義，我可以看到它對許多公司都產生了積極影響。（嘆氣）但我不一樣啊。畢竟，我的業務更多樣化、更有創意、更適合客戶的具體需求……我做的事太多了。我不可能把所有的東西都塞進幾個字裡。」

真的嗎？你的生意太複雜、不可能形成品牌？那麼，在我們接受這一點並放棄之前，先回顧一下VOLVO是如何定義自己的：安全。

安全的品牌定位對VOLVO汽車非常有價值，以至於當VOLVO推出SUV時，儼然成為美國郊區家庭的必備車，XC70的銷量超過所有外國SUV（歐洲和亞洲）的總和！

更重要的是，VOLVO的品牌描述甚至和其產品提供的實際功能無關。VOLVO品牌沒有提及它的運輸能力。VOLVO只談安全。

紐約是大蘋果；芝加哥是中西部地區；洛杉磯是電影；拉斯維加斯是罪惡；邁

阿密很時髦。你是什麼呢？福斯是右派；MSNBC是左派；美國有線電視新聞網（CNN）是堅定的中立派。你是哪邊？

有趣的是，我們每一天都會使用這些稱呼，卻不會思考它們背後的意思。然而，當談到我們自己的品牌時，鞋匠的孩子卻沒鞋子。

你的品牌定位是什麼、不是什麼？

那麼，你要如何確定你的品牌定位呢？好吧，首先讓我們談談它「不是什麼」。你的品牌定位不是你能決定的，而是你的職業來決定。你的品牌不是你所信仰的，而是你的價值體現。你的品牌不是你在業餘時間做的事情（雜耍、喜劇、在當地醫院做義工），那些是你的業餘愛好。

你的品牌定位不是你的名片、品牌理念，也不是你的才能。不是你的臉書頁面，不是你的推特用戶名，不是你的領英（LinkedIn）名片。這些肯定不是你的標誌。

你的品牌定位是你在（現在和潛在）客戶的大腦和心中所占據的位置。如果你不知道那是什麼，那麼他們也不知道。

這是壞消息。

好消息是，這很容易就能搞清楚。隨著時間的推移和大量的自我反省，你可以把你提供給客戶的所有東西歸結為一個單一、強大、引人注目的精華。請注意，我說的是**單一**，不是**容易**。弄清楚你的品牌定位需要付出很大的努力。但是，如果你遵循一個簡單的圖表流程，你就能創立一個品牌定位，它將幫助你了解自己所做的一切，並確保你未來的行銷工作有效且高效。

攀登金字塔

請看下面的圖。這是一個經典的品牌金字塔示意圖。人們已經使用這個簡單的三角圖形創造了數百個、甚至數千個偉大品牌，它對你同樣有效。

使用方法很簡單：你只需在框內填上內容，從一般（底部）到特定（頂部）。當你到達頂峰時，你會很清楚你的品牌定位是什麼，以及如何向世界推廣你的

品牌價值。

你得到了什麼？

在最下面的「特性和屬性」框中，你需要清點你和你的生意對顧客提供的每一件事，我指的是一切。此處你要列出你的產品和服務，你的天賦、技能和經驗，以及你用來經營的所有東西。有一兩台電腦嗎？寫下來；是美國航空公司的常客嗎？寫下來；西裝和高跟鞋、宣傳小冊子、線上產品？寫下來。具體的產業經歷，獨特的生活故事，絕讚的履歷？都填到這個框裡。

當然，你不必真的寫在金字塔圖形上；你可以用Word、Excel或任何你喜歡的程式來建立你的檔案。如何記錄這些訊息並不重要。重要的是，你要想清楚並做好。你的清單包容性越強，下一步就越容易。你的特性與屬性填寫得越完整，上一層可以吸收的東西就越多。將這一部分放在圖表底部，並不是偶然。它是你建立品牌訊息的基礎。它越全面，金字塔結構就會越強。

你也不需要一個人做這些。你可以請助理或公司內其他專業人士一同參與；你的丈夫、妻子或其他重要的人也是很好的訊息來源，包括朋友以及私人關係很好的客戶。你甚至可以安排一次集會，與大家一起討論。最基本是的要收集盡可能多的相關資料。但是千萬別心急。每過一段時間，你的腦海裡就會浮現一些新想法，你需要及時仔細記錄下來。我不在乎什麼時候完成清單，我只關心你是不是仔細地、全面地完成它。

你什麼地方比別人做得更好，什麼地方做得不一樣？

完成第一部分，現在上升一級，進入「差異點」，也可以叫「區別點」。在這裡，你要列出你的獨特屬性。也許你會吹口琴（哦，等等，這是我的獨特點），這個就可以記錄下來。或許你有專屬的教練技巧，這也記下來。不尋常的生理或種族特徵？如果你運用它們並從中受益，記下來。有商標或版權的知識財產，或者正在使用的特殊工藝或配方，都屬於這份清單。

我相信你知道「獨特」這個詞是絕對的：你要麼是獨特的，要麼不是；你不可能「有一點點」獨特——就像你不可能有一點點出色、一點點完美，或者有一點點懷孕。但是，請不要按照字面意思來理解「獨特」這個詞。如果說「太陽下沒有新鮮事」，那麼不管你擁有怎樣的獨特特質，你都不是整個宇宙中唯一會擁有它的人。這裡列出的項目，不管是單獨出現還是組合出現，都應該讓你有一種獨特的感覺。如果某個屬性並不特殊，不能讓你與其他人區分開來，那麼它應該屬於第一層，而不是第二層。

例如，VOLVO不是唯一一家在安全問題上花力氣的汽車公司。甚至，VOLVO是否比其競爭對手生產的同類汽車更安全，都值得商榷。但VOLVO在安全問題上投入大量精力，這已成為VOLVO最有價值、最與眾不同的品質之一。因此，其他汽車公司可能會在第一層「特性和屬性」中填寫安全性，但不會將它填寫在「差異點」這部分。但VOLVO就可以。

這個清單應該比「功能和屬性」短得多。它應該只包含你獨特的東西：你擁有並傳達給顧客的、能讓顧客很容易識別出「你」的事物。如果你的這個清單中沒有太多東西，也不需要擔心，因為一個強大的「差異點」可以讓你創造出巨大財富。但如果你不能在清單中添加任何具說服力、真正獨特的東西，那你更應該解決基礎的經營問題，而不是品牌問題。想一想，美國獨立戰爭時期的愛國者保羅．里維爾（Paul Revere），如果他在夜裡騎馬穿越殖民地時，警告民軍的內容是「英國人可能會來、或可能不會來」，他可能就不會被寫進歷史了。

你做的事情

現在讓我們再升一級：「功能利益」。這裡的重點是，你必須站在客戶／消費者的角度，像他們一樣思考。你要列出他們在與你做生意的過程中獲得的功能利益。如果你做的是災害管理諮詢業務，你的客戶會知道如何組織和管理他們的公司，以避免災難發生。如果你從事制訂家族企業接班繼承策略，你的客戶就能夠知道如何為世代交接成功擬好計畫。如果你是社群媒體專欄作家，你的讀者就會知道如何將臉書、推特、領英融入自己的日常工作中。

這一部分最簡單，因為這些內容最明顯不過。不過這也是大多數企業在思考品牌時的終點——如果他們真的有思考的話。他們從自己所擁有的（特性和屬性）開始，上升到他們擅長、知名的（差異點），然後專注於他們為顧客所做的事情（功能利益）。

例如，我在一個工業園區擁有一家小咖啡館，我首先會列出我的特徵和屬性清單，包括桌椅、招牌、廚房設備等等。在差異點部分，我會列出更好的菜單和更快的外送服務。如果我的咖啡店是該工業園區裡唯一的餐廳，那我也會寫上「排他性地理位置」。

接下來，我會上升一層，看看我們提供給消費者的功能利益。顯然，我們咖啡店最大的功能利益就是填飽他們的肚子，但我覺得我應該想得更深一些。因此，我可能會在清單中添加一些其他內容，例如，我們的位置可以讓顧客不必走太遠就吃到午餐，我們可以為顧客提供會議場所。也許，我們更早的營業時間可以讓顧客提前一小時開車上班，這樣他們既能躲避擁塞的交通，還可以在我們店裡吃到美味早餐。又或許，我們可以提供晚餐，忙碌的顧客可以打包帶回家與家人分享。

魔法將在金字塔的下一層發生：「情感利益」。因為在這一部分，你開始真正與客戶建立連結了。但你必須非常清楚自己的功能利益，才能做到這一點。

他們的感受

請記住，VOLVO汽車的品牌並沒有真正談及其汽車的功能利益。相反地，VOLVO建立的強大品牌是基於安全的情感利益。得益於VOLVO的產品屬性和品牌訊息，駕駛VOLVO的人可以認為自己是更好的父母、更好的配偶和更好的公民，因為他們駕駛的是一輛更安全的汽車。**情感利益存在於顧客的心中，而不是**

大腦裡，所以這種較少理智、更多情感的品牌表達更加有力。符合情感利益的其他詞彙，如「信心」、「放心」、「滿足感」、「寬慰」和「愛」都有助於VOLVO與（現有及潛在）顧客建立牢固的情感連結。

世界之巔

填完「情感利益」之後，回顧一下整個金字塔，看看你提供的東西（差異點）和顧客對你的感覺（情感利益）之間的連結。這些模式將成為你的靈感來源，幫助你登上金字塔頂端——偉大品牌的品牌定位都匯聚於此。在這裡，你會發現如下的廣告標語：「Just do it!」（做，就對了；NIKE廣告語）、「There is no substitute」（無可替代；保時捷廣告語）、「The relentless pursuit of perfection」（不懈追求完美；Lexus凌志汽車廣告語）、「I Love New York!」（我愛紐約；紐約市形象標語）、「We'll leave the light on for you」（我們會為你留盞燈；六號旅館廣告語）。

這些廣告語沒有超過七個單字，充分說明了偉大品牌如何從內心和情感上與消費者進行連結。你會注意到，它們當中沒有一家談論到產品的實際功能。相反的，每則廣告語都喚起了用戶與品牌接觸時的（享受）感覺。這就是你的品牌應有的樣子。

你做到了！歡迎進入「以顧客為中心」的世界

完成金字塔的頂部，是品牌定位中最困難的部分。因為除了必要的技巧與文筆之外，從「以公司為中心轉移到以顧客為中心」，以及創造出真正獨特、情感的、以顧客為中心的品牌訊息，都需要大量的工作、嘗試和犯錯。但一旦爬到金字塔頂端，宣布你是誰，你所代表的是什麼，那麼剩下的行銷工作就很容易了。

在品牌定位穩固的情況下，你會知道你的廣告應該是什麼樣子，你的網站應該如何運作，你應該在推特發送什麼推文。強大的品牌定位會幫助你選擇合適的主題來傳達你的訊息。最重要的是，當你開始推廣傳播你的品牌訊息時，它會告訴你現有及潛在顧客對你的期望是什麼，以及這些期望會將你帶向何處。因為一旦你、你的員工、你的現有及潛在顧客都知道了你的品牌定位，剩下的工作就變得容易多了。

你學到了什麼？

要整合一個成功的「以顧客為中心」策略，你要了解「為自己創造產品和服務」

與「為顧客創造產品與服務」之間是有很大的區別。因此，了解顧客的需求、口味和預算十分重要，因為他們的考量和你會有很大不同，畢竟有賣領帶和戴領帶之分。

同時，如果我們只把目光集中在顧客「想要」的產品上，那麼我們只會創造越來越多與競爭對手沒有區別的一般產品，進而無法有效擴展市場。這也是為什麼你要理解自己的真實並將它融入品牌訊息中。記住，**好的品牌會讓你感覺良好，但偉大的品牌會讓你自我感覺良好**。沃克&鄧洛普公司的新廣告吸取了該公司的精髓，並將其提煉成有效的廣告訊息，不僅展現了對客戶業務的積極影響，也對客戶的熱情和成就表達出讚賞與慶祝。

知道你代表的是什麼，這是建立品牌真實感的絕佳方式，可以幫助你與顧客建立同步的品牌一致性。英國諺語說「人如其食」（You are what you eat），那麼今天就變成了「人如其消費」。在今天的消費時代，人們依靠他們購買的產品、他們使用的服務來告訴世界「自己是誰」。我們父母親的那個世代，以他們經歷的戰爭聞名，而今天的世代，則以他們購買的東西而聞名。這表示某些東西可以讓顧客享受產品與服務之外的附加價值。

了解你是誰，並傳達這個立場，不僅能讓你的顧客知道在購買你的產品或同意你的觀點時他們得到了什麼，還可以讓他們幫助你將產品賣給別人。當顧客圍繞你的產品建立自己的品牌識別時，他們的背書將成為更有力的推薦來源，從而將其他顧客推向你和你的品牌。

在第六章中，我們探討過比爾．歐萊利如何圍繞「他是誰」以及「他的客戶想看到的真實」建立起一個和諧統一的品牌。但我沒告訴你，我在上了歐萊利的節目後發生了什麼。

在採訪過程中，歐萊利指著我說：「你又錯了，特克爾先生。你得兩個零分了。」然後，在採訪接近尾聲的時候，他又補充一句諷刺的話：「嗯，特克爾先生，你有兩個零分，但剛剛你提出了一個很好的觀點。」

當時，歐萊利的節目擁有新聞業最大的觀眾群——近三百萬觀眾。當然，我很高興能接觸到如此規模的觀眾。但更棒的事情是，在我把節目影片傳給我現在的客戶和潛在客戶後，我不僅享受到《歐萊利實情》節目帶來的光環，我的客戶也可以藉由告訴股東「我們和歐萊利節目中出現的傢伙一起工作」來提升自己的品牌價值。

有趣的是，影片中歐萊利並沒有誇讚我的聰明或同意我的觀點，而是一再表示我錯了。但歐萊利的反對意見與我的觀點是否正確無關緊要。他的節目帶來的好處不是來自於正確，而是來自於節目本身。歐萊利表達了他的真實，我表達了我的真實，我們都從中受益。

最好的行銷機會往往就是像這樣的交換得到的。兩位參與者都把自己的價值（知識、觀眾、才能、外表、名聲、觀點、口才等等）展現出來，並從這個機會中收益，既展現自己的特質，又提升對方的品牌價值。當你知道自己真正的「以顧客為中心」的品牌是什麼，以及如何溝通傳播它的時候，你就可以從這些機會中提取出全部價值。正如羅馬哲學家塞涅卡（Seneca）提醒的：「運氣是『準備』和『機會』相遇時的結果。」

現在，你已經知道如何打造自己的品牌了，剩下的就只有兩件事：走你的路，說你的話。

Chapter 9

走你的路，說你的話

練習造就完美

練習造就完美，但沒人是完美的。所以為什麼要練習？

為何要練習?!

在董事會會議上，有些人特意選擇不坐我對面，因為我會為會議室內的每個人都畫一幅漫畫，除了緊挨在我身旁的人之外。因為我不能頻繁地轉頭看他們，畢竟開會時這樣做不太好。

信不信由你，很多人不喜歡我畫他們，很可能是因為我不畫肖像，只畫漫畫。據我所知，好的肖像通常表現的是一個人的實際外貌，而好的漫畫通常要誇大、諷刺人們最突出的特徵。這就是為何歷史上的藝術家們為王公貴族們畫的肖像陳列在世界各地的博物館，而人物漫畫則只能在狂歡節和諷刺漫畫雜誌中出現。這也是為何那些看過我漫畫的人會說：「很有趣。但我的鼻子沒那麼大，不是嗎？」或者「哦，拜託。我的頭髮要比這多得多！」這些是我的漫畫對象所做的評論。但是其他人通常會說：

「我真希望我也會畫畫。但我天生不是那塊料。你不一樣，你是天生的。」

我的回答總是相同：「你當然會畫畫。你要做的就是畫很多畫。」

「哦，你是說練習嗎？」他們問，「你練習了多久？」

「我從來不練習，」我回答道，「但我總是畫畫。你想想看，我從幼兒園就開始畫畫。我高中時是校刊成員，大學是讀藝術和設計。後來我進入廣告業，一開始是當工作室畫師，然後成了藝術總監。我一生中的每一天都在畫畫，只要我還記得。」

在麥爾坎．葛拉威爾的書中，他提到一個人需要一萬個小時才能精通某項技能[49]。葛拉威爾用一個很好的例子來說明他的觀點，就是披頭四樂團的崛起。二十世紀六〇年代初，新的「**Fab Four**」樂團在德國漢堡的帝王地下室俱樂部（**Kaiserkeller**）、因陀羅俱樂部（**Indra clubs**）和其他小型場館裡玩音樂玩得不亦樂乎。在返回英國之前，他們已經進行了近一千二百場公開演出，成為歷史上最有影響力的搖滾樂團。葛拉威爾說，這一千二百場演出為披頭四樂團提供了一萬小時的練習時間。換句話說，披頭四樂團經過多年的努力，最後終於「一夜成功」。

比投資時間更重要的是「如何練習」。在我看來，開發和運用天賦的關鍵不只是投入時間，還要讓練習自然而然地成為你生活的一部分。

沒錯，一個音樂家必須進行基礎練習，使用每一種可以想到的方式來熟悉音階的流動。藝術家需要理解各種媒體和科技帶來的機會與限制。運動家和舞蹈家必須一次又一次地練習基本功，以形成肌肉記憶。這些沒錯，但不止於此。

每個人都聽過孔子的一句話：「知之者不如好之者，好之者不如樂之者。」我發現這句格言也適用於天賦。不論是學會畫畫、網球、單簧管，或者獲得柔道黑帶，真正的關鍵是喜歡這樣做。你這麼做是因為你想、你喜歡，而不是因為你必須這樣做。

再深入一些：精通的關鍵是「培養內在的各種天賦與才能」，這些天賦與才能是構成「你是誰」的要素，它們不僅是你必須做的事情，還是你想做的事，甚至是你沒有事先計畫或考慮過的事情。你這麼做是因為它是你的一部分。西班牙諺語是這麼說的：**Eso le nace**，意思是「與生俱來的」。

從商業角度來看，「練習」你的技能是建立和發展個人品牌價值的關鍵部分之一。因為你所做的會將你與競爭對手區分開來，並讓你的顧客知道他們能從中獲得什麼。正如我前面多次說過的，人們不會選擇你做什麼，他們會選擇你是誰。

了解並知道如何對你的（現有及潛在）顧客展現這一點，不僅可以將你固有的天賦融入個人和職業生活中，而且還可以讓你的工作變得越來越好，讓你更加享受工作的樂趣。

圍繞你的品牌建立共識

假設你現在已經弄清楚你的品牌是什麼，就意味著你知道如何讓你的訊息成為「以顧客為中心」的，以及知道如何使它情感化、如何讓它變得單一、如何讓它更快傳播，簡言之，你知道你是誰、如何以及為什麼在乎你的（現有及潛在）顧客。

聽過這首古老的童謠嗎？如果你知道，請跟著唱：

小熊上山了，
小熊上山了，
小熊上山了，
你覺得牠看到了什麼？
牠看到了另一座山，
牠看到了另一座山，

牠看到了另一座山，
這就是小熊看到的。

恭喜你，現在你已經翻過了山，為你的品牌認真工作。現在，你會發現自己正在仰望下一座山，一座你必須攀登的山——向大眾傳達你的品牌訊息。

對於如何推銷你的品牌，市面上已經有很多偉大書籍：從霍華德・戈沙基（Howard Gossage）《戈沙基之書》（*The Book of Gossage*）的經典散文，到大衛・奧格威的《一個廣告人的自白》（*Confessions of an Advertising Man*），到邁克爾・比魯特（Michael Bierut）的《如何使用平面設計推銷、表達、美化產品，打動顧客的情緒並時不時地改變世界》（*How to Use Graphic Design to Sell Things, Explain Things, Make Things Look Better, Make People Laugh, Make People Cry, and Every Once in a While Change the World*，書名暫譯）。如果你已經走到這一步，並且對創造性行銷方法很感興趣，那麼我建議你把這些書都讀一遍。

除此之外，你打算如何在品牌的背後建立共識？畢竟，你做這些工作不是為了創造沒有人聽的訊息，不是嗎？

是時候說話了。

僅僅知道你代表什麼，以及你的品牌如何與顧客產生共鳴是不夠的。現在你要積極地溝通，以一種令人信服、連貫、一致的方式與他人分享你的品牌價值。

3 C

這三個押頭韻的英文單字：cogency（說服力）、coherency（連貫性）、consistency（一致性），就是品牌成功的三騎士，而且是保持成功的關鍵。現在讓我們一個個探討，如何運用它們建立你的品牌價值。

說服力

你今天看到的大部分廣告和行銷訊息都是垃圾。它們被稀釋、淡化、毫無意義地捆綁在一起，主要原因是為了讓品牌行銷的相關方都避免陷入麻煩之中。不幸的是，正如我朋友藍迪．蓋奇在他兩本書——《風險致富：為什麼追求安全會阻礙成功？而新趨勢都在風險裡！》（*Risky Is the New Safe*）和《瘋狂天才》（*Mad Genius*，書名暫譯）——當中指出的，這種**「安全態度」實際上是你會犯的最昂貴錯誤**。因為如果你忙著不讓任何人失望，你也不會引起任何人的注意，也沒有改變任何人的想法。

確保你的「以顧客為中心」與品牌行銷訊息兩者之間具備說服力的相關連結，如此你就能夠確認行銷團隊正按照你的希望工作。也就是說，他們正在宣傳你的品牌訊息，並確保這些訊息與顧客產生共鳴，巧妙地告訴顧客們為什麼應該和你做生意。

連貫性

今天你在網路上和廣播裡看到聽到的很多東西都是垃圾，因為創造消息的行銷人員忘記了他們要這麼做的初衷。這種情況只會讓事情更糟，因為廣告代理商、行銷公司和內部廣告部門是服務於不同的主人。如果你為這些公司、部門工作或與他們共事，你一定要警惕以下情況。

行銷公司（包括內部和外包）都有負責服務和維繫客戶的人員。看上去他們的工作是幫助客戶提供業績，但實際上，他們的工作是在不失去客戶的基礎上儘量誰也別得罪。每一部以廣告為主題的電視節目和電影都描述了這種情況，從《神仙家庭》（*Bewitched*）到《對頭冤家》（*Nothing in Common*）到《廣告狂人》（*Mad Men*）再到《創智贏家》（*Shark Tank*），都是如此。雖然他們的頭銜從專員到客戶經理無所不包，但他們壓倒性的願望是掩蓋自己的責任、不製造任何麻煩。也許燈泡的笑話說得最好（lightbulb joke，美國早期經典笑話：「換一顆燈泡需要多少某種類的人？」用於諷刺大企業出於各種程序，導致簡單的更換一顆燈泡都沒效率）：

問：「換一個燈泡需要多少位專員？」

答：「我不知道，先生，我會查清楚並馬上回電給你。」

問：「換一個燈泡需要多少位資深專員？」

答：「你想要多少位？」

很明顯，這些人更關心自己的形象，而不是你「委婉表達品牌價值」的訴求，而且你通常不能指望他們為你最緊迫的問題提供合格、聰明的答案。

在你認為我是一個典型的廣告公司「創意人士」，看不起專員，認為他們只不過是送貨男孩／女孩之前，讓我分享兩種不同的觀點。

首先，優秀的專員——他們確實理解行銷策略，並願意承擔風險來幫助客戶做出正確的決策、傳達正確的訊息——很有價值，也很少見。這些非常特殊的專業人士能夠真正幫助客戶建立品牌價值，實現客戶的目標。

其次，我認為，我們接觸到的所有不好的品牌訊息中，最應該負責的是那些誤入迷途、過於熱心的藝術總監、文案和設計師，而不是諂媚的客戶經理。

這些人對「富有創造性」的執著，讓他們把建立品牌價值訊息的初衷扔在了腦後。這些人創造的訊息是基於他們想挑逗、震驚觀眾的能力以及獲得廣告大獎的動力，而不是在於說服、影響消費者的目的。

當然，他們也有自己的燈泡笑話：

問：「換一個燈泡需要多少個文案？」

答：「一個也不需要。這是我的工作，但我不會去改變任何事。」

問：「換一個燈泡需要多少位藝術總監？」

答：「一定要是燈泡嗎？我在讀《傳播藝術》（*Communication Arts*）雜誌，我認為我們有更多的選擇。」

問：「換一個燈泡需要多少名創意總監？」

答：「兩個。一個拿著燈泡，另一個喝酒，一直喝到房子天旋地轉顛倒過來。」

一個連貫的訊息僅僅是為了提升品牌價值而創造的。除了持續地豐富你的品牌價值，它不應該包含任何其他因素與動機。

一致性

行銷人員喜歡將訊息分割開來，讓它們各自獨立。多待在他們身邊，你就會聽到「線上」（above the line，簡稱ATL）和「線下」（below the line，簡稱BTL）這兩個詞。你會聽到「線上」（online）訊息和「傳統」訊息。你會聽到「廣告」、「行銷」、「促銷」和「公關」。你將面對「付費媒體」和「賺得媒體」（Earned Media，指與消費者互動後，藉由消費者在社群網路分享口碑與評價，獲得免費的曝光）。你還會聽到「場內和場外」的說法。事實上，你能從行銷人員那裡聽到更多的訊息分類。

問題是，消費者不僅不知道這些術語，他們也不關心。一位潛在客戶在廣告招牌上看到一則品牌訊息，然後閱讀到一篇關於它的文章，最後在一個很受歡迎的網站上看到彈出廣告時，他們不會說自己「在戶外媒體中與該品牌進行了互動，看到一篇關於該品牌的公關文，在網路上看到一個橫幅廣告」，他們會簡單地說，「我到處都能看到它。」

但這不僅僅是訊息傳播和媒體的問題。品牌訊息一致性意味著，傳送和收到的每一則訊息都應包含並加強其他訊息。

加強一致性

正如我們已經看到的，許多非常複雜的品牌產品都在以具有說服力、連貫性和一致性的訊息來推銷自己。

自二十世紀七〇年代以來，VOLVO汽車一直在銷售「安全」。好事達保險公司（Allstate）和保誠保險公司（Prudential）使用的口號：「你被好事達精心呵護著」（You're in good hands with Allstate）、「保誠保險堅如磐石」（Get a piece of the rock）時間更久遠。

了解你是誰，你代表什麼，不僅僅是建立「以顧客為中心」品牌的絕佳方式，它還能幫你省下很多錢，因為它既能集中你的推廣工作，又確保你推廣的每一則訊息都能相互強化。諷刺的是，「以顧客為中心」品牌對一致性的需求無法給你重複的權力。如果你只是一遍又一遍地重複同樣的訊息，你的客戶最終會對它產生免疫力，無視它甚至拒絕它。所以，你必須創造出新的、令人興奮的方式來表達舊的內容。（順便一提，這對最好的文案撰稿人、設計師和藝術總監來說，是最好的工作保障。）

自一九七二年以來，BMW一直是「終極座駕」（The ultimate driving machine）。但在接下來的幾十年裡，它的汽車產品線發生了巨大變化，到現在為止它有1、2、3、4、5、6、7、8、I、M、X和Z等多個系列。更重要的是，過去BMW銷售使用汽油或柴油燃料的汽車，今天的BMW還增加了電池、混合動力和氫燃料電池的汽車。

為了在如此廣泛的產品線中保持品牌的一致性，BMW推出了一個廣告，列出它銷售的所有不同類型產品。這則廣告展示了BMW公司的敞篷車、SUV、豪華汽車、混合動力車和電動汽車，突顯出它們彼此之間的差異，然後透過一句話將它們聚在一起：「在BMW，我們只做一件事……終極座駕。」

太邁阿密了

我的廣告公司在過去二十五年裡一直負責邁阿密旅遊品牌的行銷工作。我們為威廉・塔爾伯特和大邁阿密會議暨觀光局（Greater Miami Convention & Visitors Bureau）工作，多年來一直致力於將邁阿密打造成吸引人的品牌。運用建立品牌價值的步驟，我們的行銷總是有說服力、連貫的、一致的；我們始終把邁阿密的真實——獨一無二的熱帶地區及世界級的體驗——作為行銷核心，同時謹慎地與不斷變化的旅遊人群保持互動連結。

畢竟，當《時代》（*Time*）雜誌的封面故事稱我們這裡為「失樂園」（Paradise Lost）時，我們需要「賣掉」邁阿密[50]，因為在九一一恐怖攻擊事件後，當時幾乎關閉了全美國的所有航空航線（邁阿密九八%的遊客是乘飛機到達的）。當北方的冬天經歷創紀錄的高溫時，我們需要賣掉邁阿密。當我們的主要客戶群的目光從海灘和豔陽轉到了藝術和文化上時，我們需要賣掉邁阿密。我們的底線是什麼？不管周圍的地區以及周圍的世界如何變化，我們都需要填滿我們的海灘和飯店。

要真正認識我們面對的挑戰有多麼複雜，你還需要更深入地了解我們社區的現實情況。畢竟，當許多人聽到「邁阿密」時，想到只有機場和南海灘的浮華。實際上，這個城市是一個擁有多元化人口和地形的大社區。即使你住在這裡，你可能也不知道邁阿密—戴德縣是由三十六個不同的城市組成，大多都有自己的政府和服務部門。這個縣有三個國家公園；有世界上最大的藝術裝飾建築收藏；有海洋、一個海灣、一條河和無數湖泊；有草原、硬木吊床、附屬島嶼、松木林和沼澤。邊界是西部的大沼澤地和東部的大西洋。

你可能也不知道邁阿密—戴德縣是教育很強的一個縣。其公立學校有來自一百多個國家近三十五萬名學生，是佛羅里達州最大的，也是全美國第四大。這裡有二十多所學院和大學，包括世界上最大、最有活力的邁阿密戴德學院（Miami Dade College），它有八個校區，超過十七萬名來自世界各地的學生；佛羅里達國際大學（Florida International University）是美國最大的二十五所大學之一；貝瑞大學（Barry University），是一所擁有七十多年歷史的天主教教育機構；當然還有邁阿密大學（University of Miami）。該縣還擁有世界上最繁忙的郵輪港，機場擁有全美國最大的貨運量，二〇一五由此進出的乘客近二千七百萬名。

我列出這些內容不是要吹噓我的家鄉，而是向你說明它是多麼的複雜。當然，這意味著我們的旅遊產品也是一樣的複雜。來「邁阿密」的遊客們可以住在南海灘、邁阿密海灘、瑟夫賽德、陽光島、巴爾港、阿文圖拉、北邁阿密海灘、科勒爾蓋布爾斯、椰林、布里克爾、多拉爾等等。遊客們還可以參觀所有的城鎮，包括小哈瓦那、小海地、南邁阿密、小馬納瓜（官方名字叫斯威特沃特）、懷恩伍德、設計區、莫寧賽德、金色沙灘、東部海岸，以及更多的社區。

這麼多地區、景點，全部統一在一個品牌下，以五個字母的名字顯示：M-I-A-M-I。所有景區的全部體驗可以使用三個詞來解釋——「It's so Miami」（這太邁阿密了），還有一個三個字母的標記（hashtag）：#ISM。

「太邁阿密了」告訴消費者，他們會在邁阿密看到其他地方看不到的東西，體驗到其他地方無法體驗的內容。遊玩一天，他們將能做他們想做的事情，成為他們想要成為的人，擁有他們在世界上任何地方都無法享受的自由和無拘無束。

我們說的語言，我們來自的國家，我們隨心所欲的生活方式，我們享受的自由習俗，乃至我們喜歡的宜人天氣，這些都「太邁阿密了」。「太邁阿密了」意味著你可以成為你想成為的人。

快速回顧我們的廣告和行銷訊息，你可以理解這種態度是如何影響我們與消費者的溝通並發展我們的旅遊業務——透過始終保持真實的我們、以及令人信服、連貫的、一致性的方式。

我們的廣告向人們展示了邁阿密的獨特旅遊體驗，這無法在其他城市得到：從穿著比基尼參觀藝術博物館（除了邁阿密，其他地方聞所未聞），到打扮得像國際模特兒到海灘遊玩，再到你把價值三十萬美元的橙色跑車停在路邊、悠閒地喝上一杯咖啡。這則廣告訊息引證了我們的3C行銷理念，即令人信服、連貫的、一致的。

由於邁阿密是地區航運大城，我們的貨運港口正在安裝新的龍門起重機——一群約八十公尺高的龐然大物，可以裝卸來自或運往亞洲、拉丁美洲及世界其他地區的貨物。從薩凡納到新加坡，這些巨大的建築體擊穿了許多貨港的天際線。但只有在邁阿密，我們才能向市長和縣議會建議，將龍門起重機塗成粉紅色和黑色，遠遠看上去就像一群八十公尺高的紅鶴。更重要的是，只有在邁阿密，我們能提出這樣的建議而不會被笑話嘲弄。為什麼？因為這裡「太邁阿密了」！

最棒的是：假設縣議會批准了我們的提議，起重機被粉刷一新（當時，這本書正在出版中，我們的提議還沒得到批准），我們會繼續提議向全世界報導此事。如果其他地區模仿我們的做法，會怎麼樣呢？如果薩凡納將它的龍門起重機塗得像巨大的鸛，坦帕市把它的龍門起重機塗得像蒼鷺，那怎麼辦？充其量，他們只會創造類似紅鶴的起重機，原版的還在邁阿密。畢竟，瘦削的粉紅色鳥和粉紅的巨型結構都符合邁阿密的定位。

當人們在其他地區看到巨大的粉紅色起重機時，他們會怎麼說？這太「邁阿密了」！

唯一的風險

我希望你心裡已經十分清楚，一旦你進行了必要工作並建立「以顧客為中心」的品牌，它會反過來給你推廣的勇氣與動力。如果你建立的品牌既堅持了你的定位，又與你的客戶產生共鳴，那麼你唯一的風險就是：無法以一種令人信服、連貫的、一致的方式來推廣它。

更重要的是，擁有並推廣你自己的「以顧客為中心」定位，可以為你帶來從未想過的機會。因為如果你的品牌與客戶產生了適當的共鳴，它將重新激發人們的想像力，讓他們主動找到與你合作的方式、推廣你的品牌和業務，畢竟這對他們也有好處。

每週我都會在各大公司的活動上演講，或是邀請我的樂團參加社區音樂節，或幫助公司和個人打造獨特品牌。因為我的「以顧客為中心」策略讓人們看到他們自己能做什麼，並鼓勵他們尋找方式與我進行合作。

我必須承認，他們的興趣實際上並不在我身上。相反，那些以電話和電子郵件邀請我的人，思考的是如何透過與我合作來實現他們自己的目標。聽到我在電視上講的話，或者看了我的書或部落格，或看到我在其他活動上的演說之後，他們就能想像得到和我做生意可以如何改善他們的生活。

最後……

多虧了我的「以顧客為中心」品牌，那些我不認識的人才會想像和我一起合作會有多美好。這是「以顧客為中心」力量的真實寫照，也是我建立事業、擁抱友誼、發展人際關係並持續成長發展的方法。

前美國總統詹森的衛生教育福利部部長約翰．威廉．加德納（John W. Gardner）非常清楚地闡明了這一點：「生活是一個無窮無盡的發展過程[51]，如果我們願意的話，這也是一個無休止的自我發現過程，是我們自己的潛能與所處的生活環境之間無休止、不可預測的對話。」

我希望你能深入觀察自己，找出隱藏在顯而易見之處的品牌價值，引起目標客群的共鳴，並收穫你應得的利益。這本書既為你提供動機，也為你提供發揮最大潛力的工具，沒有什麼比這更讓我高興了。因為這將使我的概念從「以顧客為中心」轉變為「以你為中心」（all about you）。

你要做的就是「放手去做」。用加德納的話來說：「唯一可能的穩定就是運作中的穩定。」[52]

謝謝你的閱讀。建立你的品牌吧，請告訴我「以顧客為中心」如何幫助到你。盼望你獲得巨大成功的好消息。

參考資料

引言

1. **In 2003 Toyota released its second-generation hybrid:**"Toyota Prius," Wikipedia, https://en.wikipedia.org/wiki/Toyota_Prius.
2. **The proof is in the sales numbers:** "Honda Civic Hybrid," Wikipedia, https://en.wikipedia.org/wiki/Honda_Civic_Hybrid.
3. **In July 2007 the** New York Times **quoted a CNW Marketing Research finding:** "Say 'Hybrid' and Many People Will Hear 'Prius,'" *New York Times*, July 4, 2007, http://www.nytimes.com/2007/07/04/business/04hybrid.html?_r=0.
4. Washington **Post columnist Robert Samuelson coined the term "Prius politics":** "It's All About Efficiency," *Washington Post*, August 4, 2007, http://www.washingtonpost.com/wp-dyn/content/article/2007/08/03/AR2007080301812.html.
5. **Former Central Intelligence Agency (CIA) chief R. James Woolsey Jr. even went so far as to say:** R. James Woolsey, "How Your Gas Money Funds Terrorism" (presentation to the American Jewish Committee, Washington, DC, October 19, 2009), https://www.youtube.com/watch?v=jNDiQUBjR1o.
6. **"I have a bumper sticker on the back of my Prius":** Ben Oliver,"Oil Warrior," *Motor Trend Magazine*, May 2, 2007, http://www.motortrend.com/news/james-woolsey-interview.
7. **"Hollywood's latest politically correct status symbol":**"Prius Still Excites," *Independent*, March 25, 2012.
8. **Obama raised $760,370,195, more than twice as much as McCain's $358,008,447:** "Fundraising for the 2008 United States Presidential Election," Wikipedia, https://en.wikipedia.org/wiki/Fundraising_for_the_2008_United_States_presidential_election.
9. **"Pulling the plug on grandma":** Brian Montopoli, "Grassley Warns of Government Pulling Plug 'on Grandma,'" CBS News, August 12, 2009, http://www.cbsnews.com/news/grassley-warns-of-government-pulling-plug-on-grandma.

第一章

10. **"These arrangements were made on the website Task-Rabbit":** Mark Milian, "Apple IPhone 5 Store Lines Include Hundreds Getting Paid to Wait," *Bloomberg Business*, September 21, 2012.

11. **The term "First World problems" first appeared in a 1979 article by G. K. Payne in** Built Environment: G. K. Payne,"Housing: Third World Solutions to First World Problems,"*Built Environment* 5, no. 2 (January 1, 1979): 99, http://search.proquest.com/openview/35913e79a5b6f935687af70613b399e3/1?pq-origsite=gscholar&cbl=1817159.

12. **"Ew, I start this f *** a** job tomorrow":** cellla., Twitter, February 7, 2015, https://twitter.com/cellla__/status/564099253182554112.

13. **One article, headlined "With an Apology, Brian Williams Digs Himself Deeper in Copter Tale":** Jonathan Mahler, Ravi Somaiya, and Emily Steel, "With an Apology, Brian Williams Digs Himself Deeper in Copter Tale," *New York Times*, February 5, 2015, http://www.nytimes.com/2015/02/06/business/brian-williamss-apology-over-iraq-account-is-challenged.html.

14. **The other, headlined "Pascal Lands in Sony's Outbox":** Michael Cieply and Brooks Barnes, "Amy Pascal Lands in Sony's Outbox," New York Times, February 5, 2015, http://www.nytimes.com/2015/02/06/business/amy-pascal-leaving-as-sony-studio-chief.html.

15. **The NBC host had a five-year, $10 million contract with the network:** Brian Stelter, "NBC Trying to Keep Brian Williams—but Maybe Not as 'Nightly News' Anchor," *CNN Money*, May 31, 2015, http://money.cnn.com/2015/05/31/media/brian-williams-nbc-future.

16. **Sony's executive's exit included a four-year guaranteed payout of $30 to $40 million:** Cieply and Barnes, "Amy Pascal Lands in Sony's Outbox."

17. **In 2014 Victoria's Secret UK showed a lineup of beautiful young:** "That Campaign Against the Victoria's Secret 'Perfect Body' Ad?" *Independent*, http://indy100.independent.co.uk/article/that-campaign-against-the-victorias-secret-perfect-body-ad-it-worked--eks3-sVHwe.

18. **"The two years of data collection shows":** Chris Shunk,"TomTom Data Reveals US Drivers' Average Speed, Fastest Highway," *AutoBlog*, January 26, 2010, http://www.autoblog.com/2010/01/26/tomtom-data-reveals-u-s-drivers-average-speed-fastest-highway.

第11章

19. **"The computer is like electronic cocaine":** Tony Dokoupil,"Is The Internet Making Us Crazy? What the New ResearchSays," *Newsweek*, July 9, 2012, http://www.newsweek.com/internet-making-us-crazy-what-new-research-says-65593.

20. **"The average person, regardless of age, sends or receives about 400 texts a month":** Dokoupil, "Is The Internet Making Us Crazy?"

21. **"The average user now picks up their device more than 1,500 times a week":** Victoria Woollaston, "How Often Do YOU Look at Your Phone?" *Daily Mail*, October 14, 2014, http://www.dailymail.co.uk/sciencetech/article-2783677/How-YOU-look-phone-The-

average-user-picks-device-1-500-times-day.html#ixzz41mli5e75.

22. **"The research firm Forrester estimates that e-commerce is now approaching $200 billion in revenue":** Darrell Rigby,"The Future of Shopping," *Harvard Business Review*, December 2011, https://hbr.org/2011/12/the-future-of-shopping.
23. **"unprecedented access to what may become the largest online body of human knowledge":** "Google Books," Wikipedia, https://en.m.wikipedia.org/wiki/Google_Books#Timeline.
24. **"the democratization of knowledge":** "Democratization of Knowledge," Project Gutenberg Self-Publishing Press, http://gutenberg.us/articles/democratization_of_knowledge.
25. **"It used to take 10 or 12 minutes to get a clip into an Avid editor":** Tony Maglio, "The Secret Weapon Behind 'Daily Show,' 'Colbert Report' and 'The Soup,'" *Wrap*, June 11, 2014, http://www.thewrap.com/the-secret-to-daily-show-colbert-report-and-the-soup-snapstream.
26. **"Doing what's best for patients won't necessarily make them happy":** Kevin Pho, "Be Wary of Doctor-Rating Sites," *USA Today*, September 14, 2014, http://www.usatoday.com/story/opinion/2014/09/14/kevin-pho-doctor-ratings-medicine-health-patient-satisfaction-column/15340309.

第川章

27. **"The valuation of a bit is determined, in large part by its ability to be used over and over again":** Nicholas Negroponte, *Being Digital* (New York: Alfred A. Knopf, 1995).
28. **"How Ya Gonna Keep 'Em Down on the Farm (After They've Seen Paree?)":** "How Ya Gonna Keep 'Em Down on the Farm (After They've Seen Paree?), Music: Walter Donaldson, lyrics: Joe Young and Sam M. Lewis. Published:1919, Waterson, Berlin & Snyder Co in New York.
29. **Louis C.K. was going on about the most innovative technology of the day:** "Everything's Amazing, Nobody's Happy," YouTube, October 24, 2015, https://www.youtube.com/watch?v=q8LaT5Iiwo4.
30. **But the videos of people dumping ice water on their heads:**Mark Holan, "Ice Bucket Challenge Has Raised $220 Million Worldwide," *Washington Business Journal*, December 12, 2014, http://www.bizjournals.com/washington/news/2014/12/12/ice-bucket-challenge-has-raised-220-million.html.
31. **Rolls-Royce's painstakingly installing 1,340 fiber-optic 92 in the $12,000 starlight leather headliners of their Wraith two-door coupe:** "Under the Stars," Rolls Royce Motorcars, https://www.rolls-roycemotorcars.com/en-GB/bespoke/under-the-stars.html.
32. **Jeff Meshel, author of** The Opportunity **Magnet, started the original group in New York City:** Jeff Meshel, *The Opportunity Magnet* (Hobart, NY: Hatherleigh Press, 2010).

33. **Campbell's theory of the "monomyth" held that all great myths and stories throughout history are simply variations of one metamyth:** Joseph Campbell, *The Hero with a Thousand Faces* (New York: Pantheon Books, 1949).
34. **"Our customers are shopping not so much because of a desire to buy":** Geoff Weiss, "How a 10-Minute Spot on QVC Turned This Woman into a $100 Million Cosmetics Mogul," *Entrepreneur Magazine*, http://www.entrepreneur.com/article/237379.

第四章

35. **"there are no naming metrics, no real way to know if a new name helps or hinders":** Neal Gabler, "The Weird Science of Naming New Products," *New York Times Magazine*, January 15, 2015, http://www.nytimes.com/2015/01/18/magazine/the-weird-science-of-naming-new-products.html.
36. **"For years, Starbucks marketed itself as a 'third place,' an 'affordable luxury'":** Pancs Mourdoukoutas, "Starbucks:From a Third Place to Another First Place," *Forbes*, October 26, 2014, http://www.forbes.com/sites/panosmourdoukoutas/2014/10/26/starbucks-from-a-third-place-to-another-first-place/#cb651d06f8c3.

第五章

37. **Daniel Pink explained that the way to assure business success is to create a compelling product persona that no one can copy:** Daniel Pink, *A Whole New Mind* (New York:River head Books, 2005).

第六章

38. **Tom Brokaw wrote the book about the generation of Americans who grew up during the Great Depression and fought in World War II:** Tom Brokaw, *The Greatest Generation* (New York: Random House, 2004).
39. **One study, financed in part by Samsung, investigated how consumers' identification with a brand's attractiveness affected the value of the brand asset:** Japanese Social Research,"The Effect of Brand Personality and Brand Identification on Brand Loyalty: Applying the Theory of Social Identification," Wiley Online Library, December 19, 2002, http://onlinelibrary.wiley.com/doi/10.1111/1468-5884.00177/full.

第七章

40. **"To be a true Harley... it has to be cool":** Dexter Ford, "Future Shock: Whispering Harleys," *New York Times*, June 19, 2014, http://www.nytimes.com/2014/06/22/automobiles/autoreviews/future-shock-whispering-harleys.html.

41. **Legendary head coach Joe Paterno led the Penn State Nittany Lions from 1966 to 2011:** "Penn State Child Sex Abuse Scandal," Wikipedia, https://en.wikipedia.org/wiki/Penn_State_child_sex_abuse_scandal.
42. **the survey research firm Wilson Perkins Allen Opinion conducted a poll of over 1,000 adults:** Wilson Perkins Allen Opinion, "Exclusive Polling Results," Framing of Joe Paterno, http://framingpaterno.com/exclusive-polling-results.
43. **"Truth is stranger than fiction, but it is because Fiction is obliged to stick to possibilities; Truth isn't":** Mark Twain, *Following the Equator: A Journey Around the World* (American Publishing Company, 1897).
44. **I'd like you to watch a video on YouTube:** Daniel Simons,"Selective Attention Test," YouTube, March 10, 2010, https://www.youtube.com/watch?v=vJG698U2Mvo.
45. **Joachim de Posada, author of Don't Eat the** Marshmallow—Yet!**:** Joachim de Posada and Ellen Singer, *Don't Eat the Marshmallow—Yet! The Secret to Sweet Success in Work and Life* (New York: Berkley Books, 2005)

第八章

46. **"three largest forces on the planet—globalization, Moore's law and Mother Nature":** Thomas L. Friedman, "The Age of Protest," *New York Times*, January 13, 2016, http://www.nytimes.com/2016/01/13/opinion/the-age-of-protest.html.
47. **"The economy has been changing in profound ways":** "President Obama's Final State of the Union Address," NPR, January 12, 2016, http://www.npr.org/2016/01/12/462831088/president-obama-state-of-the-union-transcript.
48. **"Leave it alone! It's great, and right on target!":** "Commonly Asked Questions (and Answers)," Marshall McLuhan, http://www.marshallmcluhan.com/common-questions.

第九章

49. **In his book Outliers, Malcolm Gladwell suggests that it requires roughly 10,000 hours of practice to achieve mastery:** Malcolm Gladwell, *Outliers* (Boston: Little, Brown and Company, 2008).
50. **After all, we needed to sell Miami when** Time **magazine's cover story called our community "Paradise Lost":** "Paradise Lost," *Time*, November 23, 1981, http://content.time.com/time/covers/0,16641,19811123,00.html.
51. **"Life is an endless unfolding":** John W. Gardner, "Personal Renewal, Delivered to McKinsey & Company, Phoenix, AZ, November 10, 1990," PBS, http://www.pbs.org/johngardner/sections/writings_speech_1.html.
52. **"The only stability possible is stability in motion":** John W. Gardner, *Self-Renewal, the Individual, and the Innovative Society* (New York: W. W. Norton & Company, 1964).

品牌關鍵思維（二版）：讓顧客自我感覺良好，打造雞皮疙瘩時刻

All About Them: Grow Your Business by Focusing on Others

作　　者　布魯斯・特克爾（Bruce Turkel）
譯　　者　信任
責任編輯　夏于翔
協力編輯　王彥萍
內頁構成　李秀菊
封面美術　Poulenc

總 編 輯　蘇拾平
副總編輯　王辰元
資深主編　夏于翔
主　　編　李明瑾
業務發行　王綬晨、邱紹溢、劉文雅
行　　銷　廖倚萱
出　　版　日出出版
地址：231030新北市新店區北新路三段207-3號5樓
電話：02-8913-1005　傳真：02-8913-1056
網址：www.sunrisepress.com.tw
E-mail信箱：sunrisepress@andbooks.com.tw

發　　行　大雁出版基地
地址：231030新北市新店區北新路三段207-3號5樓
電話：02-8913-1005　傳真：02-8913-1056
讀者服務信箱：andbooks@andbooks.com.tw
劃撥帳號：19983379戶名：大雁文化事業股份有限公司

印　　刷　中原造像股份有限公司
二版一刷　2024年5月
定　　價　460元
I S B N　978-626-7460-34-4

國家圖書館出版品預行編目（CIP）資料

品牌關鍵思維：讓顧客自我感覺良好，打造雞皮疙瘩時刻／
布魯斯・特克爾（Bruce Turkel）著；信任譯. -- 二版. -- 新北
市：日出出版：大雁出版基地發行, 2024.05
320面；15×21公分
譯自：All About Them: Grow Your Business by Focusing on Others
ISBN 978-626-7460-34-4（平裝）
1.品牌　2.品牌行銷　3.行銷策略
496.14　　113006399